后浪

这样装修不后悔2

这样装修省大钱

（插图修订版）　姥姥　著

北京联合出版公司
Beijing United Publishing Co.,Ltd.

关于装修，我又想说的是 ……

我写小说的理由，追根究底只有一个。就是让个人灵魂的尊严浮上来，在那里打上一道光，不让我们的灵魂被体制套牢、贬低。我这样相信，借着写生与死的故事，写爱的故事，继续尝试让人哭泣、使人畏怯，引人发笑，让每个灵魂不可替代的珍贵性明确化，这是小说家的工作。因此我们每天认真地创作各种虚构的故事。

——村上春树

我怎么算也没算到自己可以靠写书而活在世上。当然我没村上的功力可以写小说，但我可以写点关于装修的文章。

第一本书《这样装修不后悔》写的是工法，希望能减少装修纠纷。承蒙大家不弃，很多师傅说，许多房主都是拿着这本书在工地比比划划。大家都了解装修工法后，我又开始写另一个专栏，写的是如何省钱装修。

工法是没人写，所以我想写；但省钱，市面上一堆人写，我仍想写，原因是想谈谈"装修的意义"。

大家有没有想过：为什么省钱装修的书多得可以用车拉，里面的实例堆起来可绕地球一圈，但照本复制，最后拿到的报价单还是要两倍的钱？

真是对不起大家，这是我们媒体的错。八成以上"100平方米不到15万"的全屋改造报道都是动过手脚的。新闻报道为吸引人看，最快的方法就是在标题上取巧。

你看，"100平方米15万搞定"是不是比"100平方米30万搞定"更吸引你？反正先让你食指大动点下去，之后你若看得出来有问题再说。

什么问题？细看预算就会发现，跟空间美丑高度相关的家具没含在内，空调、门窗也不算、也没换水电、厨具、卫生间，就因为很多基础工程都没动到，所以费用可以大幅减少。也有设计师求好心切，在受访时，再开台卡车带一堆东西来布置（桌椅都有哦），让照片拍起来更美，但当然，这些都不算在预算内。

所以小资族在装修时就会发现一个残酷的事实：拿着美美的家居照片实地找施工师傅或设计公司时，若基础装修工程全做，就是拆除、水电、瓦工防水、铝门窗等，再加阳春版吊顶、厨房与卫生间更新，再加柜子、电视墙、床头板、空调、窗帘，以及最佳女主角：家具等，预算已三级跳了。

不过以上费用是用传统的装修思维算出来的。我深信，当我们改变思维后就能改变花钱的方式。

请你从头思考：**为什么要装修？我想最原始的渴望应该是想要一个温暖的家，一个可以吃饭睡觉、储放生活所需物品、与所爱的人开开心心住在一起的家。**

所以装修的意义在哪里？答案很明确了，除了提供前面三种基本功能，不就该花更多心力在构思格局、培养家人互动？而不是这里要做吊顶、那要做柜子、这要用抛光石英砖，不该是这种蒙着头、一味无知的"加法装修"。

不过许多从事设计业的人都不太懂"减法美学"的含义，而且有做工程才有钱赚，有的房主还不肯付设计费，若不做工程，请问设计师或师傅靠什么活？再加上大多数人只会照传统做法装修，若拿掉了吊顶、拿掉了线条板、灯具、电视墙，问他们"还可以怎么做？"大概都只会回答："这个不做不行啦，没人这样的，不好看！"

这些原则真的是这样吗？不做不行吗？若就是不想做，有其他的方式可取代吗？会不会省钱省到最后，会让家变得很没气质？还有到底哪些是得要优先去做，才能让家住得更舒适，能增加家人的互动、让小孩不会生了跟没生一样？这本书想写的就是这些。

所以，省钱装修会写到的范围很广，从格局到建材，从规划到写报价单，都会涉猎。因为不想花钱却又要求品味，从来就是门大学问，要懂得多，才能真的省到钱。

另外先解释一下，我写文章只是想找出"最接近事实的真相"。各位继续看下去会发现，很多文章都在写破解"误区"。实在是网络上似是而非的信息太多，有的是不懂装懂的乡民之言，但更多是业者的营销说法或拿钱办事的写手广告文。营销本无错，但应该是在正确信息上做公平的竞争，而不是用错误的说法抹黑对手，再误导消费者。

在追寻答案的路上，或许我的文字看起来会像是针对某些业者，也请大家别误会，我跟他们并没有仇，但姥姥究竟是视茫茫、耳背又齿牙动摇的老人家，笔下难免有疏失或引用错误数据，也很欢迎到我网站上讨论，我会备酒招待大家。

另外，已成仪式的老梗又要搬出来讲一次：即使分析了很多装修工法，**请不要把我当成专家，专家是那些与我对谈的人**。也有些网友会误认为我是正义使者，其实正义两个字真的与我无关。我个人品性低下、抽烟喝酒、飙车、开音乐吵死人、一肚子算计、动不动就要流氓。

姥姥最看不惯就是岳不群那种人，但不代表我就是令狐冲。我只是一个在家居界晃荡了很久的老太太而已。

我知道现在能买间房子实在不容易，上班族夫妻还要养小孩，手上实在没什么钱做装修，但又不想放弃对家的梦想。姥姥希望这本书能帮上大家一点忙，像村上说的，在装修路上打上一道光，让每个人保留灵魂的尊严，而不被体制套牢、贬低。

此书的完成要感谢的人又更多了，谢谢这群无私的师傅、设计师、业者以及众多网友朋友的帮忙；这本书的编辑工作比上本书难许多，再加上我有些莫名的坚持，谢谢后浪执行编辑王頔与美编张宝英的体谅与帮助，把我杂乱不堪的文字变成美丽优雅的书页，也谢谢后浪吴总的协调统筹，更要谢谢家人对我再度抛夫弃子的无限包容。

真的，谢谢你们大家。

CONTENTS

Preface

【前言】

哇，没钱了，
到底要先做什么？

当你全身只剩下 50 元可吃饭时，你会去买什么？大部分的人应会去买个便当吧，但有个女生就决定去买杯咖啡，宁愿饿着肚子，只求待在咖啡馆里写小说。这女生实在不是普通的人类，后来事实也证明她的确不是普通人，她叫 J. K. 罗琳，《哈利·波特》的作者。

钱怎么花？背后显现的是一个人的价值观。常有网友问我，若预算有限，到底哪些装修要先做？我个人有 5 大原则：

第一，住得舒适比美观重要——格局动线要先动。

第二，舒心的设计比风格重要——把钱留给心动的事物。

第三，触觉与视觉一样重要——一半预算给家具。

第四，做得少比做得多重要——有犹豫就先不做。

第五：好看。

顺着这些原则做下来，花钱的方式就会与常见的省钱装修不太一样——一般人认为，荷包扁扁就不要动格局，但考虑改变格局却是姥姥的第一步。我先说明一下，不管先做什么，都没有好坏之分，这只是大家的价值观不同。

一、格局是"长住久安"的关键

为什么教省钱装修的书籍，多建议"不要动格局"？好，一个百平米的老屋，只想花 15 万，要装修到像杂志上美美的风格，光水电加上天地壁等基础工程就花掉八成，剩下的钱拿来砌墙、做柜子，银两就没了，设计师最后只能将一个空白的空间交给房主。

但偏偏许多房主就是想看到装修后有个灯光美、气氛佳的三室两厅，留白的空间只会换来白眼而已。于是设计师在白眼看多了后，都不敢建议你动格局，毕竟这样可以省点拆除、油漆与隔间墙的费用，又可挤出个几万元用来做木作装饰，让你至少有个"看起来美美的家"。

不过，我采访过诸多省钱装修案例，常会听到房主抱怨类似问题：夏天要长时间开空调，不然屋子闷热到不行；柜子很多很好收纳，但客厅变得好小；甚至有妈妈半开玩笑地说，可能是小孩房设计得太好了，她的小孩都很少出来跟家人互动，一回到家就往房里跑。

说真的，跟上百位房主聊过后，**一个家最后让人感动的，往往不是风格，而是住得舒不舒适。**

姥姥常提醒朋友："随时都要想想，装修的最原始渴望是什么。"因为我们常常会遗忘。就像工作太忙碌的时候，常会遗忘工作的初衷是为了更舒适的生活，忙到最后，生活早被搞得一团乱。

我们装修家，不过就是为了打造：

一个遮风挡雨的地方。

一个吃喝拉撒睡的地方。

一个储放生活必需品的地方。

一个能和家人开开心心住一辈子的地方。

最后一点：能开开心心住一辈子的地方，就是住得舒适。所以姥姥才会建议你铁下心，该动的格局先动。通风与采光都是长期居住后才会逐渐浮现的优点，我无法叫你一定要相信我，但对我采访过的上百位房主来说，他们能开心居住的空间，都必然具备这个条件。

我希望大家相信上百人的经验。

但动了格局的确有可能会花掉大半的预算，所以姥姥后续章节写的，就是请专家教大家，如何省下工程费去改善格局，而且"仍有个好看的家"，我可没有放弃对美的要求哦！

把预算留给心动的物品

投入家的装修后，大部分的人是把预算平均分给各工程，但我建议先想想家里会让你觉得舒心的地方是哪里？然后花多点的钱去好好营造它，尤其是在预算有限时。

因为若每项工程都只分配到很少的预算，就会导致每项工程都做不到位，例如厨房、卫生间都只能用次级建材、家具也烂烂的，与其每处都普普通通，天天相对无言，看了伤心，不如把钱集中在自己喜欢的物品上，创造一个令人心动的角落。

如果你跟苏东坡一样，一天没看到竹子就觉得俗，那就该在家里辟块绿地。如果你跟脸书创办人一样，每天不看点书便觉生活无味，那最常待的地方就该有面大大的书墙。若你跟祖千秋一样，就爱收藏酒杯，即可做个紫檀木杯柜。当然，若你是向香奈儿女士看齐，做衣帽间就别手软。

姥姥曾采访过一名音响发烧友，他家装修时砸了 20 万在音响室上，那视听室可谓高科技设备的殿堂。音响主机、扩大机（还分前端后端两台）、落地喇叭、吸音墙、吸音吊顶，做得非常到位。在那听音乐，真是一大享受，邓丽君仿若就在你面前高歌，我终于知道什么叫"身临其境"。

一开始我以为访到豪宅客，但后来去了趟卫生间，吓一跳，实在是陈旧到好像没装修一样。原来房主打造完视听室后，只剩 10 万元，所以其他地方（像厨房、卫生间）都简单就好。

"这卫生间的格调会不会落差太大了而不适应？"我小心翼翼地问，怕伤及屋主的自尊心（各位知道吧，当记者的都希望采访完能全身而退），但他反而很逗地说："不会啊，卫生间我才待几分钟，最多半小时，但视听室每天都至少待一个小时以上。若当初没把钱集中花在音响上，现在哪来的顶级享受？"

嗯，有理，有舍才有得。所以在规划装修前，一定要先想清楚自己喜欢的是什么，多花点钱去设计，日后你会更喜欢这个家。

多点预算给家具

大部分的人在设计居家时，想的都是视觉性的，往往会忽略触觉这一块。但我觉得触觉才是生活中重要的元素。

住得舒适，除了通风采光以外，也要能让人放松，而放松，我觉得就要靠触感去达成，当你感到温暖时，生理与心理就很自然地放松了。

姥姥我很喜欢一位日本建筑师中村好文，他在《住宅读本》一书中曾说："一栋好的住宅必须花时间用触摸的方式，才能体会它的好处。像家具、扶手、移门、地板等身体接触到的地方，必须是让人舒适的材质。"他觉得，一个小屋只要有良好的触感，就等于满足了一切的需求。

所以，那种老死不相往来的顶棚、三五年才动一次的储藏室柜子、照明、电视墙、玄关墙等，就不必列太多预算。

把钱花在会和你有身体接触的工程吧，尤其是地板与家具，不但与你有互动，也是决定空间好看与否的视觉焦点，这两项配得好，你家就成功了八成！因此建议新屋装修，一半预算可拨给触觉工程，但老屋，就还是先投在基础工程吧。

装修乱花钱，多做多后悔！

接下来我想再谈的是姥姥的中心原则：做得少比做得多重要。

当你很犹豫，不知某项工程到底要做或不做时，这条原则就很好用啦，答案是"不做、不做、不做"！我知道我知道，很多人会担心日后后悔"当初为何没做"，现在要找木工师傅来钉个小柜子还没人理你，但我想说的是，后悔当初做那么多的人也很多，以我个人经验，庆幸没做的比后悔少做的例子多。

为什么？主因是人会变老，初老症状的第 101 条就是，想法永远会不一样，甚至是光谱两端的极大差异。就像以前觉得金城武帅到不行，现在则觉得不够 man。

举个跟家有关的例子好了，姥姥家在做第二次装修改造时，个人当时很希望有个卧榻，就是在窗底下做个可坐可躺、下方还可收纳的一排矮柜。忘了是谁说的，女人是幻想型的动物，真的。我看着那些做了卧榻的照片，开始幻想在窗畔眺望着广阔的景色，一边喝着咖啡，一边看着小书，这才是真悠闲，真享受啊！

但后来也是因预算不够，考虑了很久就舍弃卧榻的美好点子。装修后第一年，觉得小可惜；第二年、第三年就渐渐发现，"好险，当初没做真是英明！"为什么有这么大的转变？因为众多房主都跟我说："其实我一个月只去窗下坐一个下午而已，有时忙起来好几个月才想到去坐一次。"

Pourquoi？ Why？为什么？

"因为坐起来不是那么好坐，还是正常椅子舒服，而且每天回到家早已天黑，累得半死谁有空去那边坐着发呆啊？"

如果这卧榻与我光顾小区公设泳池是同样的频率，也就是一个月平均用一次不到，那为什么要花几万元呢？再来，我家有阳台了，要看风景，我搬张椅子去阳台咖啡厅就好了，卧榻不是多此一举吗？

但人很奇怪，一定要老了才能看破一些事，当年，对卧榻还真是鬼迷心窍。所以若有疑虑或犹豫的，就先不要做了吧！

花钱的 3 大顺位

如何花钱花在刀刃上，确实是门大学问。我能理解，没钱做装修，真的是比小说《百年孤寂》六代家族都消失在世上更悲惨的事，但"天将降大任于是人也，必先苦其心志，劳其筋骨"，好吧，就把如何"省得有品位"当成上天的考验好了。

当我们没钱时，什么是一定要优先做的呢？我把预算分配成 3 大部分：

★★★★★第一顺位：通风、采光、隔热、格局动线、水电。

若你家原本的格局就很好，那恭喜你，省下一大笔钱，若不是，我会建议你，该动的格局先动吧！怎么做，我后面会请专家教大家。这些基础工程的确会花很多钱在看不到的地方，但别担心，以我自己的经验来说，通风、采光改善后，住起来真的舒服许多，我家客厅就没开过空调了！

除了格局，同样在第一顺位的另一个重点就是水电。这部分应没什么异议吧，安全性第一，水电也是性价比很高的工程，往往多花个一千元，你家的电源质量就能从经济舱变成商务舱。不像

大理石工程，花 5 位数的钱只换来冷冰冰又俗到不行的电视墙而已。而且水电要切沟凿孔，现场灰尘会很多很多，所以趁家具都没进场前，先做起来。

★★★★第二顺位：有急切性的空间或工程：厨房、卫生间、地板、铝门窗、空调，若原本的无法使用，优先做。

废话！烂掉、坏掉、不能用的当然要先做——是是，乡民们骂的是！大家想知道的，是"在可用与不可用之间的暧昧状态"下，到底什么要先做吧？OK，那就让姥姥一个一个聊。

（1）厨房、卫生间：若两者都在"还可忍受"的程度内，我觉得优先处理卫生间，因为卫生间必须动到泥作，工程复杂度高于厨房，厨房可以干式施工，只换厨具就好，等日后有钱时再来翻修。但若厨房要动到地板的，那一样得先做。

基本上，要掌握一个原则：有动到泥作的都建议优先做。因为泥作会用到水，工地有水就会又乱又脏，而且等干燥要一个月以上。若是人生坎坷一点的屋主，还会遇到台风或天天

下雨，那就要无语问苍天等到两个月，连小区管理费都平白多花个几百元，划不来。所以一次施工时做好，不用再经二次伤害。

（2）地板、油漆：必须将家具清空的工程优先做，不然，搬进搬出真的很麻烦！我自己家在重新装修时，遇到的第一件苦恼事就是旧家具放哪里好？还有我们一家三口要住哪里？

我有许多朋友在装修期间去住旅馆，包月住。说实在的，对我而言实在太贵了！但若要短期租屋，也很难找到愿意只租一两个月给你的菩萨房东。后来是我家对面邻居刚好也要搬家，房子要卖，我们就先租两个月，房东也刚好在这段时间找人来看房子。这真是姥姥幸运，但并不是每个人都能遇到这么幸运的事。话说回来，就算是只有 10 米不到的邻居家，我打死都不愿意再搬一次家具，实在太麻烦了，中间的辛酸相信搬过家的人都知道。

所以，我以过来人的血泪建议，需要将家具搬出去才能进行的工程，一定要一次做好！像地板与油漆两大项目正是属于这一类。现在的油漆工程多是用喷漆，一样，能做就先做吧，毕竟做家具保护也是颇累人的！

（3）铝门窗：若窗体老旧有漏水，就优先做；若没漏水，只是窗体老旧，你看它不顺眼，那也可以延后处理。以前我总以为铝门窗工程因要填缝，一定会动到泥作，所以必须优先做；但后来发现有干式施工，此法不需动到泥作，不过安装费会高一点。干式施工法有个前提：是原本的窗体墙壁不能有漏水，若有，或者你的预算还有余裕，就可以在第一次施工时先做起来。

（4）空调：先看能不能改善房子的通风与隔热，若无法改善，就还是得先装冷气；如果预算有限，建议先装卧室，以免热到受不了，影响睡眠质量。

此外，空调管线要不要走很长的线路？若线要拉很远、要做木作包梁，也最好先装，或至少把管线道先留好。

为什么要先观察通风状况？以我家为例，通风隔热改善后，客厅的空调就没开过了，现在一直后悔当初太冲动先买了空调，不然那笔钱都可以买张好椅子加上意大利名灯了！所以若可以从改善通风先着手，建议住个一年，若还是热到受不了，再来装空调。

★★★第三顺位：就是姥姥认为可以不做或少做的工程。（请见〈Chapter 1 不做什么？〉）

（1）顶棚与不必要的照明：能省就省，但若评估后真的因各种状况要做顶棚，就趁第一次装修时做好。

（2）木作柜或板式柜子。

（3）电视墙以及任何木皮装饰墙。

（4）床头板、窗帘、门片等。

装修预算顺序表

★★★★★　第一顺位

需要家具全搬出去的工程与瓦工工程，都要先做：

- 改格局：给自己一个通风采光好的家吧！
- 拆除：依据通风采光、动线顺畅的需求，该动的格局就先动，该拆的墙先拆。
- 水电：安全性第一，甚至应多花点钱。
- 地板：不先做的话，日后要搬家具，会很麻烦；但不怕麻烦的也可日后等手头宽裕点再进行。
- 厨房与卫生间更新：若地板不换，厨具也还可以用，晚点换也是行的；卫浴若要动到泥作，要先做。
- 吊顶：我建议可不必做，但真的想做的人，就必须先做。
- 吊顶的照明：可以做，但不必装太多盏灯。

★★★★　第二顺位

不会受家具或其他工序影响的项目，若没预算了，这部分可后加，
但还有预算的人以一次做好为佳：

- 柜子：板式家具都可后加，也可先采用完全不用木工的柜子做法。
- 层板：可自己 DIY。
- 铝门窗：可后加干式施工法。

★★★　第三顺位

不急迫或可考虑不做的：

- 吊顶。
- 不必要的照明，如间接照明。
- 隔间墙：但要能接受没有隔音的世界。
- 窗帘：没有隐私考虑的，可以先不做。
- 墙面的木皮装饰。
- 床头板。
- 电视墙装饰。

Chapter

1

不做什么？

——钱花在刀刃上的建材与工法

100 平方米的老屋，可不可以在 20 万以内全部翻修又有品位？

"很难哦！"

大部分设计师朋友都这么跟我说，当问 10 个人有 11 个都这么说时，我相信那就是接近事实的真相。不过，难道就这样闭着眼睛、把心一横，把辛苦赚来的钞票砸下去吗？如果直线到不了一个地方，可不可以用曲线到达？

对，如果多数人走的那条路行不通，那我们就来找较少人走的路！这个章节要写的是"可以不做什么"，许多家庭装修费用爆表，是因为想要的太多，但其实很多项目都是可以舍去不做的，例如吊顶、电视柜、造型灯箱……若不做这些工程会遇到什么工法问题？只要往下翻，你会看到答案。

但若有些工程你就是不做睡不着，没钱也一定要做，姥姥我这个人也知"从善如流"这四个字怎么写，请专家们出列，教大家如何用省钱的工法，并剖析各种建材的优缺点，找出性价比最高的材料。

是，我们是没什么钱，但仍能穷得有品位。

Part 1 不做吊顶

让空间豁然开朗的减法美学

Ceiling

姥姥自己的家 10 年前自主装修时，我与施工队的对谈就是：这里要做玄关柜，这里做衣柜、电视墙、吊顶、地板……我那有如恐龙脑大小的脑袋能想到的就是"要做什么"。若不做什么，一定是我预算不够了。

10 年来，若不是灯不亮了，我从未察觉客厅有做吊顶，也从未感受到做过吊顶的客厅与没做吊顶的卧室有什么不同。

那我为什么要多花一笔钱做吊顶？

（PMKKevin 设计提供）

Part 1 / 1

让心自由呼吸的空间
维持屋高，保持宽敞

"为什么你家没有做吊顶？"

"因为想尽最大可能让空间宽阔。"

设计师王镇在设计自己的家时，没有做吊顶。我个人好欣赏这样的设计师，他们对自己对待空间的原则有清楚的认知。

面对各项工程，我们先不谈钱，只剖析每项工程背后的"最原始的渴望"是什么。以吊顶而言，通常是为了美观（因为要遮蔽丑丑的管线，尤其是消防管线），或是想呈现不同造型的吊顶。

但这个选择同时也让空间"变小"，这是不可避免的。

造型 vs. 宽敞，你选哪一边？

在"好看"跟"宽敞"之间，我们要站在哪一边？王镇点出了他的选择——空间感。

宽敞是很重要的原则，却很少有人着墨于此。住在宽敞开阔的空间真的会让人感觉很舒适，我们这些没什么钱的小老百姓，买的已经是小房子了，却常常花钱装修把空间弄得更小！

好，空间大不大，一翻两瞪眼，

到底做不做？

	做吊顶	不做吊顶
管线	可遮蔽灯具电线、消防管线、空调管线。	管线会被看到。
造型	可有圆形、弧形、任何创意或怪怪的造型。	除了裸露水泥层与不裸露水泥层外，没有特别的造型，但可上色。
嵌灯	可藏在吊顶内。	整个灯具会外露。
费用	费用较高，另要加计油漆费与一堆嵌灯的钱。	费用是简单的刮腻子上漆，可省下板材与工费，也要收灯具的钱，但没有开孔费。
空间感	屋高要降 10cm 以上，空间会变小。	能维持原空间的空旷感。

不做吊顶，让屋主抬头呼吸的空间更宽阔！（PMK 设计）

屋高 280cm 与屋高 260cm，要空间感，应该就会选 280cm。但偏偏最后九成的设计案都会做吊顶，为什么？或许也跟 10 年前的姥姥一样，是的，当初我连想都没想过还可以"不做吊顶"。施工队长没问我："你要不要做吊顶"，而是"你的吊顶要有造型，还是平铺"？我只能在后者的范围内选择。

另外一个原因，是以为有吊顶才好看。但"好不好看"是后天教育出来的。后天是什么意思，就是指这观点是你不断被"洗脑"，"认定"有吊顶才好看、才像个完整的设计案。

但做吊顶真的比较好看吗？不做就比较难看吗？

将明管拉出美丽的线条

美国知名的家居网站 Freshome 是每天平均有 120 万网友点击浏览的大网站，自然也是姥姥常去逛逛的地方。那上面常常就可见到没做吊顶的设计案，管线全走明线，不只灯具，连插座都走明线，且全都走得超漂亮的。

你看，这没做吊顶的家也比我们做吊顶的家好看吧。

因为一个空间的呈现绝对是整体性的感受。设计师的价值也在于：帮我们在"不做什么"的情形下，塑造出空间的品位。

能从"减法"装修中创造个性，真是件很不简单的事。

所以要不要做吊顶不是决定整体风格好不好看的关键。你可以自己再想想，要选择做还是不做。不过，不做吊顶也会遇到非常切实的问题，如灯具怎么走线？消防管线怎么办？这些技法接下来要一一跟大家分享。

Part 1 / 2 要解决的问题
管线的美化

若不想做吊顶，你会碰到以下三种管线该怎么走才漂亮的问题：包括灯具电线、消防管线与空调管线。

灯具管线怎么走？

1. 走在水泥楼层内

电线走在吊顶水泥墙内，好处是不用烦恼电线该如何走才美观，但若水泥楼板内没有旧管线道，就得切沟，切沟时要小心不能打穿梁柱。

还有电线要从哪个回路拉线，若遇到门套要改走壁面或地面等。这部分是由水电施工队负责，若你决定不做吊顶，得跟他们针对"电线怎么走"做密切的沟通与协调。

2. 走明线

没打算要切水泥楼板、切地板或切墙壁者，还有找不到师傅愿意帮你打沟槽的读者，就要考虑走明线。拉明线还有个附加好处：方便日后维修。

若吊顶没有留管线沟槽，就要请水电师傅切沟。

灯具电线走在吊顶水泥墙内，外观更简洁。（集集设计）

明线的走法

❶狭长型吊顶要把握住平行原则，可拉长视线，延伸空间感。（PMK 设计）

❷明线走横直路线就很好看，不需要太复杂的线条。记得电线外要用塑料管包覆，线口的地方要加线盒。（集集设计）

❸这是间家具店。你看到中间裸露水泥的横梁或裸露水泥的墙壁，都是店主人刻意搞出来的。这家的电路走得超漂亮，尤其是三条回路的 90 度转弯加对称设计，变成了壁面的最佳装饰。

❹管线走 U 字形搭配棕色吊顶。

❺并行线造型搭配深灰色吊顶。

关于管线要如何走才漂亮，设计师王镇这样说道：

一、把电线当成"设计"的一部分，线条要走得整齐，排列出来的几何图形就可以是种美。

二、要漆上与吊顶同样的颜色，管线太多又漆不同色时，会过于复杂。

三、工法上则要注意灯具电线外要加套塑料配电管，线头出口的地方要装线盒，可保护电线。

消防管线怎么漆?

比较麻烦的是消防管线，若不打算包覆管线，可以怎么做呢？设计师们说，把消防管线当成是展示品就对了。只要上个漆，一样很好看。目前我个人觉得最好看的，是漆成与吊顶一样的白色。不过，要漆成什么颜色也很自由，也有漆成黑色的。

空调管线怎么藏?

要对付空调管线有以下几种方法。

1. 跟着墙壁走，包假梁

最传统的做法就是走在墙壁与吊顶交接的角落，或是走梁下或梁侧边，再用木工板整个包起来。包梁时要注意，要整支一起包，不然日后在异材质交接处容易有裂缝。

若没有真的梁，师傅也会用细木工板或石膏板包假梁。大家都希望假梁愈小愈好，但木工师傅提醒，也不能小到挤压管线。

另外，空调的管线开口要高于排水口，若管线开口与排水口等高，有时室内机会无法完全遮住管线开口。

有看到空调管线吗？若你觉得这空调管线也不丑，那又可省下一笔包假梁的钱。甚至空调机体只要管线收干净，也不难看。（集集设计）

看到没？消防管线漆白后，就很有个性。（PMK设计）

2. 完全不藏

若你觉得空调管线也不难看，恭喜你，心胸宽广能纳百川的人就能再省下一笔钱。不必用木作包空调管线，但记得铜管外要包覆保温材料，且管线仍要固定好，走横或直的线条。因为保温材料都是白色的，壁面及吊顶也要同一色系，才不会让空调管线太明显。

3. 做侧板就好

按传统整根梁包起来的话，可能会包得太大、太占空间。设计师 Kevin 的"精瘦美包梁法"是这样做的：先用龙骨钉在梁上，空调管线就走在里头，外层再包层细木工板即可。因只包一面的梁，不必包覆三面，可省下细木工板与角材的钱；且厚度仅 6 厘米，从下面看上去，梁像有道细长切沟，视觉上会有纤细感。

■精瘦美包梁法

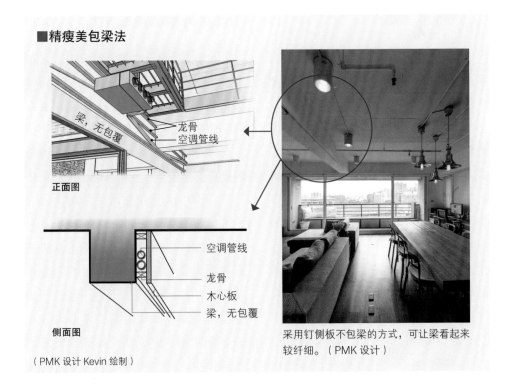

正面图

梁，无包覆
龙骨
空调管线

侧面图

空调管线
龙骨
木心板
梁，无包覆

（PMK 设计 Kevin 绘制）

采用钉侧板不包梁的方式，可让梁看起来较纤细。（PMK 设计）

重点笔记：

1. 灯具电线可走明线，走横走直就好，线条干净就好看。
2. 消防管线不必移，漆上与吊顶相同的色调，便是一种风格。
3. 空调管线可包假梁或做侧板不包梁的处理，其实裸露也行，不难看的。

浅谈隔音问题

Part 1
3

砸了钱也未必有用

很多网友一看姥姥写到吊顶，立刻就问："我们楼上那家子好吵，既然都要施工了，如何趁机做好隔音呢？"嗯，这问题要先问：你清楚要隔什么"音"吗？

隔音和漏水一样，若是想改善自家内的问题，都还有可能，但若是要改善到"别人"家或别人的行为，就会变得很复杂。偏偏吊顶的噪音通常就是属于后者。

环球石膏板建材部协理张锦泽表示，吊顶噪音分两种：冲击音和空气音。楼上传来的通常是冲击音，如硬物掉到地板、拖动椅子、楼上小孩在比谁跳得高、或有东西掉下来砸到地面等；而人说话、电视等的声音称空气音。比较能靠吊顶去改善的，只有空气音。

要隔离冲击音，在做楼地板时就要处理。例如设计成中空楼板，不然很难单靠吊顶改善，即使把吊顶加厚、塞隔音棉，效果仍有限。而且声音也会从楼地板传到墙壁，再传到你家。再加上吊顶与墙之间可能有缝，要百分百隔音很难，还不如去买副耳塞比较快。

隔音用岩棉质量差异大

在有限预算内的隔音做法，多半是在吊顶内放吸音岩棉。但问题来了：当板材只放一层时，并无法保证良好的隔音效果。甚至有专家认为，压根不必多花吸音棉的钱，因为那就像把钱扔进许愿池里，买心安的！

我们一般会用密度为60K（每立方米材料16公斤重）的岩棉当吸音材料，但现在装修市场的岩棉质量良莠不齐，同样号称密度为60K，常会出现高达10%~30%的误差，也就是密度根本不够，即使是施工队或设计师等专业人士，也很难现场测出密度到底是多少，又怎能保证隔音效果有多棒？

"那有没有再好一点的隔音做法？"

姥姥又问了多位经验丰富的施工商家，以下综合整理业界的建议。

1. 卖吊顶建材的老板都建议用15mm厚的实心矿棉板，再加玻璃棉或岩棉。但矿棉板较贵，600mm×600mm大小就要20~30元，比石膏板贵3~4倍。

2. 学者们则建议放双搁板材。如双层15mm+9mm的石膏板，或单层的石膏板加上矿棉板，再加密度60K岩棉或密度24K的玻璃棉，效果会好许多。但是姥姥告诉你，实际上采用双层吊顶的案子很少，一来很贵，二来很重，施工工法要扎实。

最惨的是，以上方法都不能保证一定"隔到音"，因为若吊顶或隔墙施工不佳，在衔接处有缝隙，你仍然会听到低频的噪音。

30 年老房子，隔音难解

但如果你有钱，或许有九成的概率可补救，可用很好也很贵的隔音材料，再加音响室的工法。不过，仍有一成概率会听到噪音，因为这跟个人听觉灵敏度有关。凡是听觉太好的人，或天生对低频音超灵敏，有对莫扎特的耳朵，那不管做什么措施，你都会听到声音。

倘若你家屋龄很老，例如是30年以上的房子，楼地板厚度只有12cm，就不必额外浪费这些钱了，因为整个建筑物的结构已是最佳"传声筒"，

成功大学建筑系赖荣平教授说，后天做任何努力都成果有限。

监造过建筑隔音工程的设计师孙铭德也给了良心建议，手上没预算的人，"真的不用想太多。没有到位的隔音工程，有做跟没做差不了太多，降几个分贝而已。"

所以姥姥的结论是：做隔音，没钱真的不必想太多；有钱，就参考上述板材的混搭方法，虽然无法保证百分百有效，但毕竟对听觉极度敏感的人而言，少一分声音就是多一分舒爽！

这样做，改善楼上流水声

一般大楼楼上的卫生间排污管，会走在楼下的卫生间吊顶内（例如10楼的排污管就会藏在9楼的吊顶内），若觉得水管的流水声很吵，设计师林逸凡建议，可以打开顶棚，用隔音棉包住水管，再在吊顶内塞进岩棉，可减少噪音。环球石膏板建材部协理张锦泽也补充，排污管道可用两个45度角的弯头取代一个90度角弯头，也能降低排水噪音。

Part 2 不做过多照明

以光影变化增添空间趣味

Illuminator

要写灯光照明这个章节时，不知为何看到一个画面：一个小孩，在船上弹着钢琴，琴声很美，但船长跟他讲不能在半夜弹琴，他回了一句：Fuck the rule！此画面出自改编自同名小说的电影《海上钢琴师》（*The Legend of 1900*）。

Fuck the rule，非常反骨的一句话。或许在十岁时，我们会有这样的想法，但二十岁、三十岁、四十岁后，我们早已被磨成 follow the rule，甚至也不想管这 rule 是在规定什么或怎么来的，反正别人都这么做，我们就跟着做吧！照明这件事，正是一般人墨守成规、最懒得动脑的工程项目。

"不就是灯吗？能省到哪里去？"其实装灯工程看似琐碎、无足轻重，却是最容易花冤枉钱的部分，也是日后缴电费后患无穷的问题来源。

（采荷设计提供）

让夜晚就像夜晚
你需要那么多灯吗？

Part 2 / 1

常有网友留言问我：客厅要用几盏筒灯才够亮？灯泡到底要几瓦才够亮？可见大家最担心的就是不够亮，但又不懂照明的层次分配，搞不清楚每个空间的照明需求，只想着先装再说。

于是客厅吊顶装 8~10 盏筒灯，再加 1 盏 3 段式变化的主灯，接着旁边来一圈造型灯箱；走廊 1 米 1 盏；卧室吊顶 6 盏筒灯，再加 2 盏床头灯，若是兼书房使用，则再加阅读桌灯。

但你家真的需要那么多灯吗？

姥姥自己家以前的客厅就是筒灯加主灯都有，但每天晚上会开的就只有那 4 盏筒灯，其他灯箱、主灯都在旁边纳凉。当初花好几万装的灯，根

一堆灯的设计，但说实在的，看不出美在哪里。

本没怎么用到。

什么程度叫够亮，这是根本问题，也是非常主观的问题。一般人都习惯"像白天一样的夜晚"，所以装一堆灯。但到底什么是足够的照明？这是我想探讨的。也先提醒一点，本文所阐述的照明观念，是姥姥自己多年的"观察"，并不是非此不可的真理。我提供的是另一种思维，若你仍想装一百多盏灯，就是喜欢永昼的世界，我也不会阻拦你。

厘清你家的照明需求

姥姥对"照明的真谛"的探究，源自一位法国画家 Caufman。她家客厅没有主灯，没有吸顶灯，吊顶上完全没有灯，只有桌灯、立灯等灯具。到了晚上，她将一个个桌灯、立灯打开，对我而言，空间整个暗到不行，但她跟我说："这就是晚上啊，不暗怎么是晚上呢？"嗯，不暗怎么叫晚上，这个想法冲击着我。

后来我又去问了不少外国朋友，

有的住美国，有的在丹麦，有的在西班牙，除了问他们花多少钱装修，第二问必定是：你家装多少灯？多数客厅只装主灯或筒灯，不会二者兼备，餐厅则是餐吊灯，很少装造型灯箱，但会有很多活动式的灯具。

我采访过一位做银器的丹麦工匠，

此设计案的客餐厅，吊顶筒灯加主灯再加一圈灯箱，足足用了 30 几盏灯！这样"气派"的规划不只浪费钱也浪费电。

他家客厅餐厅就有十几盏灯，桌灯、立灯、吊灯与一堆小灯，因为"看起来很温暖"。灯具对他来说，不是照明，而是疗愈用品。

我清楚人的一生有许多阶段，有的人一生只过一种生活，有的人想过两种不同的生活。若将一生的时间缩短，一天内，可以过几种生活呢？我或许没有把工作带回家，但我能感受到真正的"夜晚"吗？好像没有，我一直在过的都是白天的生活，晚上家里亮得跟白天差不多，直到上床，把所有灯关了，才能真实感受到"夜晚"。

当然，并不是外国的月亮就比较圆，外国人的品位就一定高，我只是要跟大家说，这世上也有人对灯的看法是这样：晚上不一定要亮得跟白天一样。

那你家呢？想想吧，真的需要做那么多盏灯吗？

 花了钱，有点后悔……

CASE

（网友 Nico 提供）

装藏光吊顶，3 年从来没开过

苦主：网友 Nico

我很后悔，当初会做藏光吊顶，是因设计师说灯光会比较漂亮。但已住 3 年多，除了不小心开错外，从来没想过要开。（姥姥内心独白：这种不封边的吊顶比较贵，照明亮度也不如造型灯箱，还会积尘。）

以下这些朋友，
你们家不适合暗暗的……

姥姥提出"让夜晚回归夜晚"的看法，只是发现许多人家里的灯"装太多"，不过，家里光线的需求还是得取决于家庭成员的年龄、健康与生活习惯，以下就是不适合暗暗的：

1. 家里有老人家、小宝宝或视力不好的人。

2. 有"暗黑恐惧症"的人。你就是喜欢白昼，家里非亮不可，这也很好。

3. 常在晚上打扫家里的人。这是"巴西之吻"主唱提出的，的确，若是习惯晚上扫地，家里太暗会看不清楚脏东西在哪，但到底要多亮，就看个人了。

没有吊顶灯，也能用桌灯、立灯，创造出像这样的层次灯光。

吊顶不一定要装灯
活动式灯具也可提供照明

通过拜访法国画家的家，我还发现"照明也可以不必靠吊顶灯"。

关于这两点我心里本来也有点怀疑：这么暗活得下去吗？没有吊顶灯不会看不清吗？会不会在家跌倒、认错老公、打错小孩？反正就是心里一堆问号，于是，我在自家起居室做了实验。

为了避免我自己（或家人）不知不觉地开主灯，我先把主灯给"咔嚓"了，然后立马搬进两盏立灯，开始实验只由这两盏"神灯"担负起空间的主要照明任务。

就在我家主灯逝世两周年后，我对灯光的看法也大大改变。**原来，没有主要照明，没有从头顶正上方洒下的灯光，别的灯光依然可以给空间亮、亮、亮。**

不过从吊顶洒下的灯光比较均匀，若没有吊顶灯，只用立灯或桌灯等移动式灯具打出来的光，房间角落处就真的会比较阴暗。这种明暗分明的感觉与有吊顶灯的感觉完全不同，光影明显，整个空间比较有气氛。

立灯当主灯

"若全用桌灯、立灯照明要多少盏呢？"根据我家的实验结果是，10平方米大的空间两盏立灯的亮度就够了：一个是700流明（流明是照度的单位，照度数字越高，就会越亮）10瓦的 LED 灯，一个是25瓦1875流明的节能灯泡。

大部分时间只开那盏700流明的灯，就可以看清楚家具摆设在哪里，超省电。高流明的灯看电视时才开。我想应该是立灯或桌灯距离我们活动的空间较近，所以少少的灯就可以提供足够的亮度。

不过每个人感官不同，究竟要放几盏灯才够，就看你自己习惯的暗度（下一篇会详述）。要注意的是，灯具材质与照明方式都会影响亮度。灯罩的角度会让光可照射的范围不同，有360度透光的灯罩，也有只透光一半的（阅读灯就多属这种）。我的经验是，负责主要照明的最好是上下左右360度都透光的灯具，会让人觉得比较亮，光能布满的空间最大。

活动式灯光的优缺点

灯也有许多照法，不只是一般常见的往下直接照明，也可以反转灯罩，将光打在墙上或吊顶上，这种灯光有点类似造型灯箱，灯光较柔和，每盏灯因灯罩或灯泡设计不同，出来的灯光效果也不太一样，大家可以自己试试看。

用活动式灯具也有好处，就是平日可随心情搬动位置，像我家立灯比较多，每回我家来个"家具总动员"时，立灯就很方便重新定位，搬家时也可以带着走，省下下一次装修的灯费。

当然若你能将照明全权交由移动式灯具负责，你家就可什么吊顶的灯都不做，省下不少钱。

不过活动式灯具会有个麻烦的地方——无法立刻点亮全室。吊顶灯具只要开关一按，灯就亮了；如果放了

姥姥家的灯光实验

姥姥家的起居室类似一般人所认知的客厅，约 10 平方米。目前没有吊顶主灯，全靠可移动式的立灯与桌灯，以下为各式灯泡与照明方式的实验，因摄影收光效果与实际空间的亮度会有差异，为减少误差，此系列照片全是在同一固定点拍摄，焦距为 5.1mm，光圈 5.6、快门 1/2，ISO200。另要说明，亮度以光通量"流明（lm）"表示。

灯源：单盏
10W LED 射灯

只有一盏小小的射灯，将灯光往墙上打，室内的确很暗。为了让大家看到灯光的亮度差异，我在地上放了几本书，但照片中几乎看不清楚。

灯源：单盏
25W 1875 流明节能灯泡

左侧角落这盏灯泡有 1875 流明，一盏灯就差不多让室内的大摆设都能被看清，走路不至于撞到。但是角落处较暗，像放在禅床前面的书仍看不清楚。

灯源：双盏
右：10W LED 射灯
左：25W 1875 流明节能灯泡

再开一盏右侧角落的灯，10 平方米的空间就几乎都可轻松看到。禅床下角落的书也看得到了。

注：更多不需用到吊顶灯的美丽居家案例，可上姥姥网站查询。

两盏立灯，我只能一盏一盏开。两盏灯还好，但若放到十盏灯，我想开灯就会变成一种可以消耗卡路里的运动，对有些人来说，可能有点吃力。

一按就亮的开关式插座

还好，水电师傅陈泉铭教了我一招，可以设计"墙上有控制开关的插座"，再把灯具插在这个插座上，就可以利用开关"一按就亮"。

这种插座跟一般吊顶灯的设计原理是一样的，把插座的电源线与墙上

360度透光的散射型灯具，光照的空间范围较大，会让人感觉比较亮。（丰泽园提供）

开关相连，开关一按，插座就会通电，因立灯的电源线插在插座上，就能点亮灯具。

灯源：双盏
右：18W 1080 流明螺旋灯泡
左：25W 1875 流明节能灯泡

我把右侧的 LED 射灯换成荧光灯系的螺旋灯泡。因为 LED 属直射光，荧光灯属散射光。右侧的地上没有特别亮的光圈了，整体光源比较均匀，光照范围也更大，禅床下的书更清楚。

灯源：3盏
右：18W 1080 流明螺旋灯泡
左：25W 1875 流明节能灯泡
中：8W LED 桌灯灯泡

再加进 1 盏桌灯，放在第三个角落。才 3 盏灯，整个空间就跟白天差不多亮了！但这种明亮的感觉与吊顶灯不同，我都是采用投射型灯具，因灯罩的关系，灯具的上方会微暗；若采用散射型的立灯，空间的光线会更均匀。

省下来的钱，拿来换杀手名灯

若真的能接受"不要装那么多灯"，加上不做吊顶，100 平方米的房子约可省下 1~2 万元，姥姥想说的是，不如拿这笔钱的"一部分"去买一两件杀手级的逸品名灯，像桌灯就可买无论你怎么拉它，都可以随拉随停的意大利 Artemide 的 Tizio，还可指定 LED 灯泡款；或者去买意大利名牌 FLOS 的招牌灯 Arco，还有在 007 电影中出现的丹麦名牌 LouisPoulse 的 PH 系列，不然那位法国设计界的老顽童菲利普·斯达克（Philippe Starck）的经典设计灯，也可任你挑。一盏设计好看的名灯，就能让别人到你家时，对你刮目相看。别以为名师的灯太遥远，只要不做吊顶灯，这钱就有咯！

意大利 Artemide 的 Tizio，随拉随停，非常适合当工作灯。（Artemide 提供）

意大利品牌 FLOS 的 Arco，又叫钓鱼灯，灯身钢管拉出巨大的抛物线，营造出最美丽的焦点。（尤哒唯建筑师提供）

重点笔记：

1. 夜晚不一定得亮得跟白天一样，灯不必装那么多。

2. 不靠吊顶灯，只用立灯或桌灯等移动式灯具，空间也可以很亮。

3. 根据实验与姥姥能接受的暗度，10 平方米大的空间在 1000 流明以上就够亮了（2 盏立灯），看电视不会伤眼，也可看到家具摆设在何处。

4. 灯泡与灯具的造型与材质，会影响亮度。

Part 2
3

找到适合你的"暗度"
分清楚主要照明与重点照明

我家成员有 3 人，在实验灯光的过程中，儿子小蹄最随和，开 1 盏灯或 2 盏灯，他都 OK，只要看得到电视就好；我则是愈来愈懒得开吊顶灯，喜欢用立灯、桌灯照亮空间，喜欢有光影的感觉；老公就刚好跟我相反，一直处心积虑地想把起居室被我"咔嚓"掉的主灯再装回去。

嗯，每个人的感官灵敏度都不同，像我听不出 MP3 与 CD 原曲的差别在哪里，但就是有那种超人耳朵听得出来。所以，每个人对"最低亮度"的需求也不同。

现在就只要找出你自己能接受哪种程度的暗。

能轻松视物，就是最低需求

最基本的照明需求，就是让我们看到东西。例如一进门就看到前面的走廊在哪儿，不会摔跤；接着看到玄关柜在哪儿，好把口袋里的皮夹与手上的钥匙放在柜上；然后，要看到客厅的沙发，走向沙发，好摊在里头，

当个沙发马铃薯。为了变成马铃薯，我还得看到电视摇控器在哪儿。

所以，只要你能"轻松地"看到以上东西，不会在家摔倒，那就是你家照明的最低亮度需求。

为什么要加上"轻松地"呢？因为看得到分为不费力地看、有点用力地看、很用力地看。若不能轻松自在地看，眼睛就容易疲劳、干涩，也就是一般说的"伤眼"。

根据国泰医院眼科医师梁怡珈讲解，只要能不用力视物，对眼睛来讲就是最自然的状态，这是很重要的原则。若你看久了（在半小时内）发现眼睛会累，光源可能就有问题（自己玩微信就 2 小时以上的不算哦），不是过暗就是过亮。

每个人眼睛不同，在 12 平方米客厅里你会需要几盏筒灯，才能轻松地看得到家中的物品呢？不要想象，就从你现在住的客厅试验起，8 盏、6 盏、4 盏、2 盏，甚至全不开，看自己能不能接受。

不过依据我个人经验，熟悉暗，

当没有吊顶灯时，空间的明暗差较大，一开始可能会觉得暗，要适应一段时间。（丰泽园提供）

需要时间。

　　当我从光亮如白昼的夜晚，慢慢走向真正像夜晚的世界时，会有适应

问题，像眼睛感到吃力，因不习惯暗而行动特别小心，造成肾上腺素自动上升，身体没办法完全放松，没有安全感。这种"非典型暗夜不适应症"会视个人状况而有所不同，我大概两个星期之后眼睛与身体都适应得很好，不但悠游其中，还能无聊到对暗夜与光影心醉不已。

　　不过，我老公就经过 1 年时间才习惯那个暗度。

　　所以，不做吊顶灯最常遇到的一个问题是：家人对"暗度"的感受各不相同。许多网友会到我这哭诉与老公之间的争执。说实在的，为装修吵架真的很不值，装修最多撑 20 年，老公老婆可是要睡在你旁边一辈子的。喜欢暗的，当然优先礼让。另外，家有小孩的，也要特别注意亮度足够与否，建议善用重点灯光（此点稍后详述）。

姥姥的装修进修所

角落太暗，要加重点照明，不是加吊顶灯

　　"请问角落处（或厨房的流理台）还是会暗暗的，到底吊顶嵌灯要加多少盏才能解决亮度不足的问题啊？"不少网友在姥姥的脸书上都提出类似的问题。

　　许多人老想用吊顶灯的主要照明，去弥补重点照明，这是没有经济效益的行为。因为吊顶灯是从上往下照，是让你看大空间的（比如家具在哪儿），不是让你看书上的字。

　　因此要在角落看书者，可以补一个立灯或桌灯，比加三盏吊顶灯好。

区分主要照明与重点照明

接下来介绍照明配置的原则。灯光与家具有几种相对位置：第一，吊顶挂盏主灯或放几盏筒灯，灯光从上方洒下；第二，不要上方来的灯光，从旁边可不可以？当然也可以，所以也可以不要主灯，而由立灯、桌灯、壁灯等共同来帮忙，让我们看到物品在哪儿。

从不同的光源，可以大概把照明分成主要照明与重点照明两大部分。主要照明，负责的是大空间；重点照明，负责局部的小地方。

主要照明2：
造型灯箱（藏在一圈灯箱里的灯管）光线是先打上吊顶再反射出来。

重点照明：
（立灯或桌灯）若要写作业、打电脑或看《深夜食堂》漫画书，眼睛需要更高的亮度才能不费力地看清楚，得再加盏立灯或桌灯。这种局部小区域的照明，就叫重点照明。大部分会用在客厅或书房的阅读区、卧室的化妆台、厨房的流理台等处。

主要照明1：
直接照明（吊顶嵌灯主灯）若只是想看清家具、走廊在哪儿，那就属于大空间的照明需求，亦即由主要照明负责。

Part 2
4
四种"小气"装灯法
吊顶灯减半，预算也减半

知道自己能接受的"暗度"，也了解照明配置原则后，就可延伸出四种"小气"装灯法。若无法做到完全不做吊顶灯，别担心，还有三种做法可省钱，就是只做主灯、只做筒灯，或只做灯箱。各优缺点请对照表格。

无法接受灯具管线裸露的人，可以只装主灯，不做吊顶，也可省很多钱。而且主灯的灯具造型多元，可以塑造空间的个性。不过主灯式的照明，角落处会较暗。

想藏空调管线的，则可选做灯箱，

到底做不做？

	只装主灯	只装造型灯箱	只装筒灯	都不做灯
吊顶	不做	做一圈灯箱	要做	不做
光源投射方式	光往四周直接散射	光往上打，靠反射光照明，较柔和	光往下打，直接投射	利用立灯、桌灯等活动式灯具
均匀度	不均匀,中间亮，角落暗	比较均匀，但角落仍有点暗	最均匀，从吊顶平均洒下光源	不均匀，有灯处亮，无灯处暗
灯具造型	次强，吊顶灯具造型也很多，可搭配出个性居家	无，看不到灯管	弱，只有圆形或方形开口	装饰性最强，造型皆有，可搭配出层次感灯光
机动性	不能移位，但搬家可拆下带走	不能移位，灯具通常不能带着走	同左	最高，灯都可移位，搬家还可带走
招尘指数	★★	★★★★	平封吊顶不易招尘	★★（活动式灯会招尘）
硬件省钱指数（注）	★★★	★★	★	★★★★

注：指装修的硬件工程，不含活动式灯具。

让管线走在灯箱里；无法接受不做吊顶的，就可以选筒灯式的吊顶，但筒灯少做几盏。

常有网友会问："到底是做筒灯还是做灯箱好？"网络上也有许多达人会做比较，但最常见的误区，就是认为灯箱的光线比较均匀。其实这是错的。

刚好以上所提的照明方式我家都有，以灯光均匀度来看，筒灯表现比较好，可照到角落，光线能均匀分配在空间中。同瓦数的灯，直接投射的筒灯灯光也会比较亮，但直视时会比较刺眼。

灯箱因为灯光是先投射到墙上再反射出来，光线会比较柔和，不刺眼，但光线会被灯箱挡住，无法照到角落，所以角落会较暗。

这两种都是主要照明，没有什么好坏之分，可视需求功能来选择。接下来再来看两种工法要注意的事。

造型灯箱：要注意尺寸

造型灯箱比一般做平底吊顶便宜。一个房间通常会四面墙都做，其实也可以不必做四面墙，像我家只做两面墙就够了，费用折半，可以省更多。

但灯箱有个大缺点：会积灰尘。这问题是大是小很难说，姥姥我是十几年都"视而不见"，我不动它，它不理我，灰尘似乎多半好好地待在灯箱里，没有造成我与家人的困扰。但朋友Y就不一样了，她就是对灯箱的灰尘看不过去，觉得小孩的气喘都是它造成的。

若真的很在乎积尘者，也可尝试用壁灯。壁灯其实也算是灯箱，但灯

灯箱的光线**不会**更均匀

姥姥刚好遇到一个很爱做灯光的设计案，可以实验一下各种照明的均匀度。筒灯的光比较均匀，不像灯箱在角落处会比较暗。从亮度来看，灯箱或筒灯两个择一就够了，不需要两者都装。另从图2和图3的比较，也可看出灯箱下的小筒灯开没开几乎没有差别，徒然浪费电。

1 只开筒灯。　　2 开间接灯光。　　3 以上灯都开。

荧光系支架灯管之间未重叠处，会产生黑影暗区。不过也不必太在意，因为平常不会抬头看，若长度刚好就差个 10cm，可不必再多加 1 根灯管。

罩积尘面积小很多，也比造型灯箱好清理（若真的不嫌麻烦要清理的话），又可以省掉做灯箱的木作费用，是个更省钱的选择。只是壁灯通常是用灯泡，光照范围没有日光灯管大。

施工时要注意灯箱的尺寸，姥姥整理数位设计师的实际操作经验，重点整理如下：

1. 灯箱深度为 25~30cm，灯具到侧墙的距离 15~20cm，太近折射出来的光太少，太远也不好。

2. 灯具到屋顶水泥墙的距离，则是 20~25cm，太近折射出来的光会太少。

3. 灯箱的灯具是荧光灯或 LED 支架灯，可以用 T5 或 T8，但 T5 的光效最高。若是荧光灯，要注意长度，愈长光效愈高，所以 1.2m 长的比 0.6m 长的好，重点是两个价格差不多，当然要用长的。例如 3m 长的墙，A 方案是 0.6m×5 支，B 方案是 1.2m×2 支＋0.6m×1 支，要选 B 方案，省钱也省电。

4. 支架灯（日光灯）放入后，要再调整位置。若是荧光灯，用连结线串联成灯带之后光影之间会出现黑影暗区，因此可让支架灯的光照范围彼此交叠 10~20cm。但这缺口并不算是瑕疵，若不在乎的人，恭喜，灯具可以少买几支；在乎的人，灯具就多买 1 支，或者改用 LED 无影相接的灯管，就无暗区的问题。

■造型灯箱做法

❶ 先用龙骨做出骨架。❷ 钉上石膏板或细木工板，骨架放入灯管即完工。（环球石膏板提供）

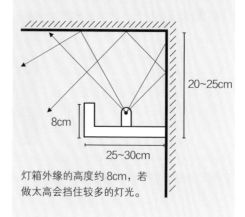

20~25cm

8cm

25~30cm

灯箱外缘的高度约 8cm，若做太高会挡住较多的灯光。

吊顶灯用 LED 较佳
要选光照角度较大的

吊顶的筒灯对亮度的均匀度要求最高，只要平均散布，亮度均匀度最佳，灯泡多采用荧光节能灯泡或 LED 灯泡，这两种灯泡会有点差别。若以"均匀与柔和度"来看，散射型的节能灯泡胜出，直视灯泡也不太刺眼。

LED 是直射灯光，明暗区别较强烈，光束也比较强，可以从吊顶打到地板上，在地板上形成光圈（这是散射型灯泡做不到的效果），一般说的"灯光美、气氛佳"，就是这种直射灯光营造出来的。

但吊顶灯更换有点麻烦，姥姥建议选用"可以活很久"的灯泡。从使用寿命来看，LED 灯泡可达 2 万小时以上，节能灯泡多是 6000 小时以上，还是选 LED 较佳。

LED 较常用于家庭的筒灯有两种形式：一种是灯具与灯泡分家的分离式；一种就是二合一的整组式，有的会设计成芯片型的 LED 灯，而不是灯泡，常见的就是射灯。

改变气氛的好帮手：轨道灯

轨道灯也是常见的设计。使用轨道灯时可以不做吊顶，也可以做吊顶。轨道灯虽然只有一个出线口，但可一次点亮多盏灯，在开孔费上可省一点。灯具价格就要看你选什么材质或者品牌，材质和品牌不同的轨道灯，价格差很多。

轨道灯的好处是灯光可调整角度（有的 LED 筒灯也可以），常见的轨道灯灯泡可大概分成节能灯泡与投射灯两大类。节能灯泡的光源为散射型，可以制造出比较柔和均匀的灯光，但因光束不强，没有办法制造出定点照明的效果。投射灯就能定点照射，强调物品的质感，也能配置出空间的明暗氛围。

轨道灯可以调整光线的角度，线条也简单。（集集设计）

T5 灯管可嵌入吊顶中，但开口比例要抓准才好看。（尤哒唯设计）

若担心灯箱积尘太多，也可选壁灯来当间接照明。

吊顶记得要留维修孔。

以光效来看，分离式的 LED 灯泡款会比整组式的好。而且灯泡坏了，分离式的只换灯泡就好，整组式的就要整组换。

筒灯灯罩的材质也有差别，飞利浦照明事业部资深产品营销经理彭筱岚表示，一般铝制的反光率为 60%~70%，若是加亮型的镜面型，反光率就会更好一点。

吊顶筒灯灯具也分两种：直插式与横插式。直插式厚度较深，约 15cm；横插式灯具较薄，约 10cm，吊顶的厚度可少个 5cm，底下空间就可更大一点。但横插式灯泡会让一半的灯光浪费掉，若同样的瓦数，直插会比较亮。这时就可选用光照角度 360 度的 LED 灯泡，照射角度多露出四分之一，多少又补回一点亮度。

不过若非刻意要营造气氛，而只是用筒灯当作空间的主要照明，姥姥倒是建议筒灯改成荧光灯 T5 灯管，因为 T5 的光效最好，寿命也可长达 2 万小时。不过长型的 T5 灯具造型大多很土。可以参考尤哒唯建筑师的做法，将 T5 嵌入吊顶内，线条简单利落，也很有设计感。

LED 灯的光照角度有差

LED 派的灯泡也是兵分两路,一类是灯泡型的,另一类是芯片型的,以射灯为代表。

LED 灯泡选购时除了看光效之外,还要注意光照角度。若底座盖住灯泡约 1/4,灯泡露脸的部分多一点,散光的角度较大,业界多称为 360 度,但实际上是没有啦;若底座盖住 1/2,就是光照 200 度的。当吊顶筒灯采用横插式的灯具时,360 度的灯光照射范围较大,会较亮。

射灯属于投射灯,是一种中央集中的光源,光照角度从 15 度 ~ 60 度都有。角度在 36 度以下的,多是用来凸显物品或某物的质感,如画作或展示柜内的东西。

角度 40 度 ~ 60 度的射灯照射的范围较广,也有人拿来当客厅或卧室的直接照明,因为可以形成光圈,灯光较美。

LED 灯泡分光照角度,一般为 200 度(左)。360 度(右)这种灯泡可让角落处较亮,适合用在横插式的筒灯灯具中。

筒灯分直插与横插式,横插可减少吊顶厚度。若觉得灯泡刺眼或打算用在卫生间,可选有外罩的灯具。

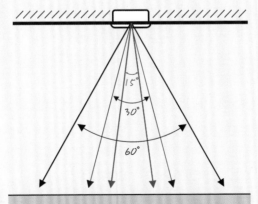

15°
30°
60°

MR16 的射灯分光照角度,30 度以下者光束强,适合用来强调照射的物品;若是当空间照明,应选角度大一点的,如 60 度。

黄灯对健康比较好
谈灯泡选购原则

你应该知道灯泡分白光、黄光（或说蓝光、黄光），但你知道这也会影响情绪吗？科学上认为：晚上要照黄光，对健康比较好。

英国学者 Thapan 的研究指出，若晚上照的灯光色温过高，会影响褪黑激素分泌，进而引发疾病。国泰医院眼科医师梁怡珈也表示，白光容易造成眼睛黄斑部的病变，如白内障。

根据研究，若在晚上还是照跟白天一样的蓝白光，身体会以为还在白天，有些该分泌的激素就不分泌了，情绪就易受影响。因此建议，晚上需要低色温值 2700K~3500K 的灯光，也就是黄光；白天适合用高色温、光色偏蓝的白光，4000K~6500K。

那你在家应该都是晚上多吧，也只有在晚上才需要开灯吧，所以尽量买黄光灯泡，对情绪与健康都好。但有些地方我觉得可例外，比如厨房与化妆台。因为黄光易让食材有色差，且我们在厨房待的时间不长，我建议仍是装白光灯泡为佳。

另外要提醒，同瓦数的黄灯会让人感觉比较暗，刚用的人会觉得不够亮，也是要适应一段时间的。

晚上在家工作的人怎样选灯？

那晚上在家工作的人要选黄灯还是白灯呢？

从理论上来看，色温只影响内分泌；但白光看起来会更明亮，可激起天天向上的激情；黄灯真的比较浪漫，比较暗。但是以我个人的经验来说，晚上工作时，不管白灯或黄灯（我是用光通量 500lm~800lm 的灯光），我的工作效率都差不多（一样打混，或说另一种层次的努力向上），所以色温并不是决定我有没有认真工作的主要因素。

但若照明数不够，也就是亮度不够的灯，反而会让眼睛疲劳。所以亮度够，背景光均匀，才是工作时要考虑的因素。

再加上晚上在家工作已很悲情了，我希望自己晚上分泌褪黑激素，所以我还是会选黄灯。

哪一种灯泡最超值?

知道各种灯泡的不同特性后,选购时有哪些重点呢? 来看一下。

1. 亮不亮: 看流明,即光通量的数值。若没有列流明,也可以用瓦数 × 光效,算出光通量。光通量是你的眼睛可看到的光能,愈高就愈亮。一般人会以为亮度要看瓦数,瓦数其实是用电量,虽然同种灯泡瓦数愈高者愈亮,但若问节能灯泡 23W 与 LED 12W 哪一个亮? 大家就搞不清楚了,所以要看光通量这个数字来比较。

2. 省不省电: 看光效 (发光效率)。但不是每家品牌的外包装上都有标示,即使有标的也不一定相同,若没有,就看光通量 / 瓦数 W。数字愈高愈好。

3. 使用时间: 越长越好。一般 LED 可达 2 万小时以上,荧光灯系中的 T5 也可达 2 万小时以上,但节能灯泡就多在 6000 小时左右。

4. 尺寸: 有的灯具灯罩较短,要注意灯泡长度与宽度,以免买回家后装不进去。

5. 灯头型号: 也有人写灯座型号,分 E27、E14 等不同规格,要看清楚。

❶选购灯泡时记得多花 10 秒钟看一下发光效率、使用时间、流明值。

❷灯泡的灯头也有各式不同尺寸,例如图中的 E12、E14 等,选购前要注意灯具的规格,不然买回家会装不上去。

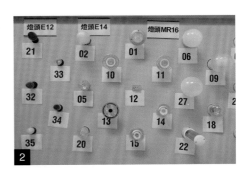

花了钱,有点后悔……

CASE

忘了验收,杂牌灯泡到我家

苦主: 姥姥

灯泡小虽小,也不值几个钱,但还是会被黑。连自认已经属于挑剔鬼等级的姥姥,也曾经被诓! 装修完后才一年左右,吊顶灯泡竟然就不亮了! 怪了,大厂牌欧司朗的品质不是很好吗? 结果待我打开灯罩一看,是个我不认识它、它也不认识我的杂牌灯泡。哇咧! 一时太相信师傅,灯泡送来时我没验收,你看,就出错了! 后来打电话给水电师傅,他还告诉我说,那杂牌灯泡已停产了。

姥姥家的吊顶筒灯原本指明要用欧司朗灯泡,结果换灯泡时,发现是个我听都没听过的杂牌灯泡。

■各式灯泡比一比

灯泡	T5	T8	省电灯泡	PL 灯管
造型				
发光原理	荧光灯	荧光灯	荧光灯	荧光灯
光效 * lm/W	96~ 近 100 **最省电**	65~80 （三波长佳）	66~75	54~70
发光类型	散射泛光	散射泛光	散射泛光	散射泛光
使用寿命	相对长，2~3 万小时 **寿命长**	相对长，1~2 万小时 **寿命长**	6000 小时以上	6000 小时以上
优点	搭配高频电子安定器，光不闪烁	搭配高频电子安定器，光不闪烁，便宜，三波长的光效较好	符合大部分灯具的灯泡规格，比 LED 灯便宜，T2 灯管光效可达 70	配电子安定器同光不闪烁，部分光效可近 70
缺点	有人不喜欢长形灯管，常须配合吊顶做灯箱或做成间接灯	搭配传统安定器会闪烁	含汞，有紫外线，光效要看品牌，表现不一	吊顶灯的电子安定器价格高，性价比就低了，还不如当一般桌灯的灯泡

注 1：姥姥此表制于 2012 年 12 月，灯泡的研发技术日新月异，几年后就可能又有完全不同的产品问世，书本的更新速度较慢，一切规格都以姥姥网站上公布讯息为主。

灯泡	CCFL	LED 灯泡	LED 嵌灯（整组式）	LED MR16 射灯
造型				
发光原理	荧光灯冷阴管	发光二极体	发光二极体	发光二极体
光效 * lm/W	50 ~ 70	80~85	30~35	35~55 可调光较佳
发光类型	散射泛光	直射	直射	直射
使用寿命	相对长， 1.5 万 ~2 万小时　寿命长	相对长， 1.5 万小时以上　寿命长	6000~2 万小时	相对长， 2 万小时以上　寿命长
优点	光衰慢，演色性佳	光效不错，省电	可营造气氛式灯光	投射灯中的相对省电 灯泡，光影美丽　气氛佳
缺点	光效较低，灯光会慢 慢变亮	相对价格高	光效差，相对贵，若 坏了要整组换	光效较差，相对价格 高

注2 光效是姥姥2013年初拿到的样品计算，每个灯泡会依品牌不同、型号不同而有差异。算法为光通量流明（lm）/ 瓦数（W）。

不是灯多，就不会近视
对小孩好，对你也好的阅读照明

"我的宝贝宝贝，给你一点甜甜，让你今夜都好眠……"我看着已入睡的小蹄，轻轻哼着张悬的歌。姥姥上一代的爸妈，通常都会生三四个；但到我这一代，几乎都只生一个。以我懒散的个性来讲，原本很想把小蹄"当猪养"，但毕竟只有一个，最后还是"照书养"。

我和老公的家族全都有近视，就像《全职猎人》[1]中奇犽生在揍敌客家族就注定要当杀手一样，小蹄的基因注定了他九成会患上近视。但我想，能预防一点是一点，于是在照明方面，我投入较多的研究。

找资料的过程中，网上最常见的误区就是：灯要很亮，小孩才不会近视。

其实近视的主因，是长时间近距离视物造成的，而非不够亮。国泰医院眼科医师梁怡珈表示，视力发展中，只要小孩能轻松看东西即可，太亮的照明反而没有必要。重要的是，阅读或看电视时保持适当的距离，不能太

近，并且每半小时阅读或看电视后，让眼睛休息5分钟。

梁医师也补充，看电视或看书的背景光，柔和均匀的散射光会比直射光源好。所以灯泡最好采用散射型的荧光灯，会比直射型的LED灯柔和。看电视的背景光亮度也要和电视差不多，可稍暗一点，但不要反差太大，不然眼睛较易疲劳。

若没有小孩，或小孩已过了随意乱跑乱撞不受控制的阶段，也可尝试完全不要主要照明，只靠立灯来看电视。但要注意，立灯至少要两盏，若觉得太暗可以再增加。

这两盏灯的位置最好是在对角线，光照的范围最大，其中一盏要放电视附近，让电视光源与背景光差不要太大。灯光也可往墙壁打，会比一般往下照射的光柔和。

书房的吊顶则最好是嵌入数盏筒灯，而不是做造型灯箱。因为灯箱的光散布并不均匀，尤其角落处会暗暗

---

[1] 日本漫画家富坚义博的一部漫画作品。

电视附近要提供足够亮度的背景光源，不能光差太大，不然眼睛容易累。（尤哒唯设计）

的，而通常书桌是放在角落的，背景光若太弱，造成与桌灯光差太大，眼睛反而容易累。

以上都是讨论背景光，也就是主要照明的做法。但看书会需要更高的亮度，要再补重点照明，桌灯还是得加，若是习惯窝在主人椅上看书的人，则可在椅旁加盏立灯，补足角落灯光的不足。阅读灯放置的位置，要让光线经过手之后，不能产生阴影挡到书写，所以右撇子的人，应把灯放在左后方。

适合阅读的灯泡，是荧光灯

灯泡则可选散射型灯泡或防炫光的灯具。像 T5、T8、螺旋节能等荧光灯管，都属散射型灯泡，而不要选 LED（包括射灯或 T5 型）灯，因为

LED 灯属直射光，光束较集中，直接投射在电脑屏幕或书上，容易炫光。但若不直接照射，亮度会有点不足。所以我之前也曾使用两盏灯，一盏光线往下，另一盏往外偏 30 度，都没有直射屏幕，就可以提供较温和、不刺眼的光线。

但后来用到一盏有防炫光设计的 LED 芯片灯，同样的亮度，光线的柔和度比之前的桌灯好非常多，不易有炫光，所以挑有防炫光设计的灯具也行的！

蓝光灯会不会伤眼？

又有读者问，蓝光较多的白色系灯泡会不会伤眼？姥姥又去询问了眼科医师。一般是认为蓝光（色温高）会对眼球的黄斑部伤害较大，但那个前提是"看着蓝光"，像玩手机或看电脑，长时间下来眼睛易受伤害。但我们并不会无聊到一直盯着阅读灯的灯泡，我们是看书，对不对？所以还好的，灯泡是反射性光源，若是反射性的蓝光就不会对人眼产生伤害。所以，灯泡的色温"对眼睛"的伤害，只要不是长时间，没有近距离，不用考虑太多。

让照明变催情剂
卧室的照明配置

卧室的照明配置要先看格局与功能。若是兼书房，则吊顶最好做筒灯，让空间能充满均匀的光线，对视力才好。但睡觉与看书，本来就是完全相反的照明需求，所以筒灯的灯光可以偏向书桌以及要照镜子的地方，不必一定要均匀分布在四角。

除了初中以上的小孩房，其他卧室姥姥建议把功能性降到最低，只要睡觉就好。睡前不要上网也不要看电视，因为闪动的屏幕会刺激大脑视觉区，反而会睡不好。若真的想上网或看电视、看书，那就都在客厅做就好。

研究发现，若床就只有睡觉的功能，我们人类会培养出一种类似"条件反射"的习性。翻译成白话就是一躺在床上，你就会想睡觉，这样睡眠质量会比5万元一张的床垫还好。

另一个原因，当然就是省钱啦！卧室除了睡觉，最多就是加个换衣功能，做灯箱就好，不必整个做吊顶，费用少，也能提供足够的亮度。

一般灯箱都习惯沿四面墙"做一圈"，但这其实是浪费的做法。我家刚好因为墙面的限制只能做两面，卧室约12平方米大，两面墙各用2支12米的T5灯管，其中一面灯箱设计在衣柜旁，已足够看清楚今天要穿什么衣服。

其实我个人是能接受1支2500流明的T5灯管即可，但不是每个人都习惯我的亮度，大家可以自己再试试。

**姥姥的
装修进修所**

卧室灯的开关要双切设计

卧室灯的开关最好进门处装一个，在床头附近再装一个，这样上床后就不必再下床关灯了。另外，做吊顶灯或灯箱者，也可设计成多段式开灯，可视需求亮不同盏数的灯。

一盏灯，就能在夜晚抚平寂寞。

卧室的吊顶灯也可装 LED 射灯，会有美丽的光影。（PMK 设计）

　　卧室灯箱下方改用 LED 的 3 瓦小射灯也很棒。这种射灯可以在地上照出一圈圈的光影，真的很美，可增添不少浪漫。也建议在床头或卧室的一角，放盏桌灯或壁灯，晚上不要开吊顶灯，利用活动式灯具打出有层次的光影，真的更有气氛。

　　灯光某部分具有情趣用品的功能，再放上加拿大爵士女伶尚塔尔（Chantal Chamberland）低沉迷离的歌声，这世上的一切不愉快都会消失在夜里。

　　这就是灯光很神奇的地方，它不仅温暖，也能疗愈人心。

　　不过卧室最好不要留夜灯，有的人习惯会把吊顶四角的小射灯当夜灯，但这其实不利于健康。梁怡珈医师提醒，使用夜灯要注意不要照到脸部，眼睛只要感到光，人体的褪黑激素就会减少分泌，会增加罹癌率。所以若要用到夜灯，摆放位置要低一点，不要照到脸部。

　　以上是大人的房间，小孩房又是不一样的思维，最好只让孩子当睡觉的地方，所以小学以下的小孩房，就装可以看得到空间的亮度照明就好。这一点，后面在格局篇我们再来聊。

Part 2 / 9 厨卫装白灯较佳
其他空间的照明配置

　　家里其他区域都可以暗暗的，但厨房与卫浴还是亮亮的好。卫浴是为了防滑倒；厨房则是为了避免切菜切到手。这两个地方也是装白灯较好，以免有光差，洗菜看不见虫，或者化妆时下手太

重，变猴子脸出门就不好了。

　　厨房主要照明不必太多太亮，以我家长 280cm、宽 160cm 的一字型厨房来看，1 支 1.2m 的 T5 灯管就 OK 了。重点是，在台面、水槽与炒菜区上方

❶厨房应在台面及水槽上方加灯，而不是一直增加吊顶灯，这样才不会装了一堆灯，仍觉得不够亮。

❷浴室的照明也可不靠吊顶灯，而是加强在浴镜与浴缸四周的灯光。（台北 Whotel 提供）

要再加重点照明，这些地方的灯光才是厨房必要的。

我家厨房之前的装修是吊顶装了4盏灯，但我还是觉得洗碗时不够亮；后来，加装壁挂烘碗柜，柜身底部有附灯光，天啊，碗筷与刀下的蔬果肉类都变得超清楚的。所以不必花太多钱做厨房吊顶照明，而是要注意重点照明，可在上柜的底部加装灯具。

玄关：善用感应式灯

玄关灯可以做吊顶灯或壁灯，但最好是那种大门一开就自动亮的感应

一开门，有盏小灯等你回家的感觉，真的蛮好的。
（集集设计）

灯，这样一开门就可看到温暖的家，不用在黑暗中摸索开关在哪里。若是用桌灯当玄关灯，也可设计开关式的插座，有同样的效果。

其他空间：省钱为先

餐厅： 九成餐灯都是吊灯，要不要再装吊顶筒灯，就看你能接受此区的"暗度"为多少。不过，像我家是常常会变换家具位置的，今天餐桌在东墙，明天就可能到西墙去了，所以若你也像姥姥一样，兴趣是搬家具，那最好舍去做固定式的吊灯，改用立灯，机动性较强。

走廊： 到底要不要1米就一盏小灯呢？要看格局。若走廊可以向客厅借光，就不必装。像我家，客厅往厨房有个开放式走廊，当年装修时不懂，就在吊顶上装了两盏12V的射灯，但这10年来，从未单独开过，因为靠客厅或厨房餐厅的光源就够用了。但若是走廊是独立式的，或很长，无法借光，我建议不要装吊顶，就直接装筒灯或是壁灯，也可省下一点钱。

柜子： 现在很流行在底部或搁板下装T5日光灯或LED灯，的确是可以让柜体看起来较轻盈也更有质感。但若考虑预算，性价比并不高，手头钱已经不多的人，不必把钱花在这里。这种层板灯多是装饰，有的会当

吊灯的造型多样，是营造空间氛围的好帮手，但若你也像姥姥一样，兴趣是搬家具，那最好还是放弃做固定式的吊灯。（尤哒唯设计）

小夜灯，但装一盏日光灯就要钱，你又不只装一盏。若每个搁板都要有，或整条柜子两侧装一排的，预算可能就要往上走。没钱还要花钱，别傻了！不过倒是可考虑在抽屉加灯，晚上另一半已睡着，不适合开大灯，这时要拿睡衣或其他衣物，有抽屉灯就方便许多。

重点笔记：

1. 只装主灯：灯具造型多，可塑造个性空间，省去天花板费用，但角落处较暗。

2. 间接灯光 + T5 灯管：光线柔和，但不均匀，角落也会较暗。若担心灯箱积尘者，可改壁灯。

3. 吊顶横插式嵌灯 + 360 度 LED 灯泡：光线均匀，可形成美丽的光圈，吊顶不必太厚，灯泡的寿命也长，可减少更换的麻烦，但预算花费较多。

Part 3 不做地板
用有限预算打造独特的空间基底

Floor

不做吊顶、少做灯光，那接下来还可以"不做"什么呢？来，我们不做地板。咳咳，不是指"没有"地板，没有地板怎么成，姥姥指的是可以不做表面那层地材，不贴地砖或木地板，就是做最原始的水泥地板就好——什么？你又一脸为难不能接受了？好吧，不那么前卫刺激的替代方案也有，地板要选择温馨路数也可以，姥姥在本篇也会介绍其他既省钱、又能让你的脚踩踏上去感觉好舒适的地板做法。

（本晴设计提供）

水泥地板
由上帝挑染的天然纹路

因为日本建筑师安藤忠雄的关系，这几年兴起清水模热。简单而言，清水模建筑就是水泥基底的钢筋混凝土建筑。不过，同样是水泥，一般室内装修水泥的用料与工法，与真正的清水模建筑相差十万八千里远。但现在大部分屋主或设计师都喜欢把水泥工法就叫清水模，我想也无所谓，大家高兴就好。

水泥地板可以用在任何地方，客厅、餐厅、卧室、书房、厨房，连卫生间也行（不过有些工法要注意），壁面亦可应用。重点是价格便宜，但价格会依表层是否打磨等不同处理方式而有所差异。

我个人颇喜欢水泥地板呈现的感觉，灰色调中有黑有白，还有瓦工师傅想刻意做都做不出来的自然纹路，那种层次变化，是瓷砖、石英砖或木地板都不可能有的。

看过金庸小说的读者应该知道，因为练功的关系，姥姥以前是每30年要闭关一次，到现代就演变成每年都要闭关一次。前阵子闭关住的房子，刚好是水泥地板，睡觉与洗澡的地方也都是水泥地，没有上透明漆，有的地方连面层都没做。闭关期的两个星期中不能讲话，也不能与别人交流，我闲着没事就赤脚走路，修行兼考察。

如同重低音般
层层堆砌的灰阶空间

与木地板相比，水泥粉光地的触感会比较冷（但没有瓷砖冷），也比较硬，没有表面处理的地方会让人感觉刺刺的，但有铺面层的地面就还可以，整体触感我个人还算喜欢。不过若长一点的时间接触，赤脚仍会不太舒服（不好意思，姥姥在家喜欢打赤脚，所以对地板的测试方法会有点怪，平日在家穿鞋的人可不必理会此点）。

要不要接受这种地板，除了价格以外，重要的是看你喜欢不喜欢灰黑色的调调。可以参考一下下页本晴设计连浩延的设计案，用水泥地壁面搭出灰阶调的空间，你能接受吗？不要看它像未完工的工地一样，这种水泥

客厅、餐厅、厨房，都可用水泥抹上一片冷冽。（本晴设计）

地板可是许多文创人在自宅采用的做法，包括广告界导演、出版界知名主编、演艺界知名主持人、乐团歌手，而且每每从采访中，姥姥都能感受到他们认为这种风格比抛光砖"有品"多了。

不过，满室单一灰阶色调的确会给人感觉偏冷，若还是喜欢缤纷一点的色调，也可多用木头或色彩来调和混搭，为空间带来些暖度。

水泥地板的5大特点

被包装成很有人文品位的水泥地板也有许多特点（也有人认为是缺点）：

1. 日久一定会裂。这一特色是一般人较容易忽略的，有的屋主还以为是偷工减料，其实不是，这是水泥的特性，不必经过地震，自然而然就会裂给你看。

不过，顽石宅修事务所的负责人李松柏表示，水泥易裂，八成的原因是工法未贯彻，因水泥砂搅拌不够均匀，或打底层的结合面施工不好，才会造成水泥裂。乐土成大昶闳公司郭文毅博士也补充，水泥必须喷水养护、等干28天以上，才能达到预设的强度。但做装修，10个案子有10个都在赶工，由此造成的水泥强度不够，也是日后易裂的原因。若是每个施工步骤都做彻底，水泥就不会裂得太厉害。

2. 日久一定会起砂。水泥砂表层会一点一点地掉砂，或摸起来有一层白白的灰，这种现象叫"起砂"。

3. 日久一定会变色。设计师连浩延解释，水泥会跟原本存在的物质起化学反应，几年后局部就会变黄。

4. 纹路无法复制。水泥是少数几种不受人类控制的建材之一，水泥与砂虽是照比例调出来的，但每次呈现的纹路都不一样。换句话说，你看他现在长得像"大仁哥"，但在你家却可能变成"刘德华"。有的会多点白色，有的会多点黑色。虽然无法复制出同样的纹路，但从另一个角度来看，这也代表你家有独一无二的地板。

5. 表层不能要求太细致，也不会

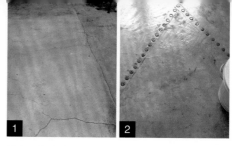

太平整。水泥是种粗犷的建材，是靠师傅用手工将水泥砂浆抹在地上，再用镘刀修饰，很难达到非常平整。若工艺好的话，面层是可以较光滑顺手，但也还是摸得到水泥的粗砺质地。媒体所描述的"纤滑如丝"的触感，大概只有顶着妹妹头的日本大师安藤先生做得到，一般工务所是无法每次都成功的。

❶水泥粉光地板"一定"会龟裂，这是这种建材的宿命。❷这是使用 2 年后变黄的水泥地板，你要先问问自己能不能接受？

李松柏表示，若希望表面再光滑点，则可在面层完成后，等干，再打磨一次。或者加入金钢砂、叽哩石等增加表面硬度，不过可能要再多点费用就是了。

❸水泥是人类少数无法完全掌控的建材之一，黑与白的比例都是老天爷决定的，无法保证最后出来的样子。❹水泥地面的铺面细滑与否要看师傅的手艺，大部分都不会太平整。

水泥地板的空间会有点冷，可加入木头、砖墙等元素，增加暖度。（集集设计）

这样施工才 OK
水泥地板的防裂与防起砂工法

　　水泥地板的工序看起来简单，但要百分百彻底完成每一步骤却不容易。李松柏表示，只要工法上多注意，可以降低开裂与起砂的问题。

　　此外，还要注意时间因素。乐土成大昶闳公司执行长郭文毅博士表示，水泥会裂，很大一部分原因是养护方式不对与时间不够。水泥要养护28天以上，强度才能达到九成。且养护过程中，至少前两周要每天喷水，后两周可等自然干燥。

　　也就是完工后，要等水泥干28天。是的，水泥比较顽固，要等这么多天才能完成自己的化学反应。而且这个化学反应中一定要有水，水泥养护跟女人的脸部保养很像，要保水保湿，一旦没水，表层就会出现裂痕。

　　但一般做装修，师傅或工程都无法等28天，甚至有的师傅为了加速水泥变干，还会拿风扇来吹，这都是不对的。不过姥姥也知道在现实世界要等28天是很难的，若真的需要妥协，那至少也等14天吧！

1:3

1 施工面要清干净。拆除到RC混凝土楼板后，瓦工就进场了。施作前，一定要把地上杂物都扫干净，尤其是在墙角的残泥，要一一敲除，底层附着力才会最好。不过，有的师傅比较率性，他认定的干净，并不是真的干净。若地不干净，水泥与RC层的附着力不佳，表面就容易裂。你要勤快点自己注意。

2 施工前一天要将地面浇湿，让水泥吃饱水。若施工当天很热，地板干燥太快，则还要再浇水。

4 调配水泥砂，打底的水泥与砂的比例为1:3。

3 浇水泥水。可增加水泥浆与RC地面的附着力。

5 配水泥砂时，许多师傅都只是"凭感觉"在调，容易调错比例，这也是造成水泥易裂的主因。要用容积来调和，可找工地中常见的桶子，以1桶水泥配3桶砂，砂子装在桶中，记得要装满、"上方刮平"，这样才能尽量接近同体积。

搅 3 分钟

等 干燥

6 将水泥砂加水放入搅拌桶中，搅成水泥浆。郭文毅博士提醒，水不能加太多。当水与水泥砂的比例（简称水灰比）超过 0.8 时，水泥的强度会大幅降低。若是 50 公斤的水泥砂，水就不能超过 40 公斤。

7 水泥砂要搅拌均匀，放入搅拌机要打 3 分钟以上，并把机器翻不到的角落，再"特地"翻起来。有的师傅会只打个 2 分钟就歇手了，但水泥搅拌不均，日后就易起砂。

8 打底的厚度约 15mm。等打底层完全干后，再上面层。

过筛

1

3

留下 细的

2

粗的 不要

9 面层施作，就是用"过筛"的 1:2 水泥砂（图❶）。筛的过程会把较粗的砂石筛掉（图❷），留下较细的水泥砂（图❸）。

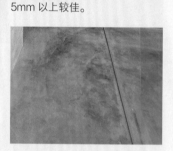

面层 两次

10 面层可上两次，铺出来的表面会较细致。厚度要 5mm 以上较佳。

11 面层完成后，用打磨机打磨一次，表面会更光滑，也会较平整，不易龟裂，不易起砂。

CASE

花了钱，有点后悔……

用木板垫底，水泥地变色

苦主：网友 Stan

　　水泥面层做好后，"千万不要盖木板做保护"，可用工地常见的蓝白帆布来盖，即可让水泥有很好的保湿效果。照片中的地板就是师傅用木板垫底，但因为水泥尚未干透会吃色，一个月后打开一看，发现水泥地板已变了颜色。

地板表层处理方式

水泥养护完成后，接下来就要来谈表面处理方式。因为水泥表面会裂，也会起砂，裂的话会卡脏东西，为免去清洁上的麻烦，最常见也最便宜的做法是再上层透明漆。但上漆日后有脱落的问题，改涂环氧树脂漆涂料性价比又太低，姥姥较推荐做法是加水泥硬化剂（又称固化剂）。

方法 1　上透明漆

计价方式有多种。有的瓦工师傅报价做水泥地板已内含上透明漆，但这种透明漆属于一般水性漆，比较不耐磨，日后还是会起砂。只能靠常打蜡来防起砂。若想耐磨又防起砂，油漆师傅会建议上油性的透明漆。

因为油性透明地板漆的硬度也需要时间养成，刚完工的硬度最差，至少一个星期内都不要拖拉家具，以免刮伤。但一个月后，硬度可达预设值，就不怕桌椅移来移去了。

不过油性透明地板漆仍有缺点，一是表面潮湿时，会很滑，不建议用在卫生间。二是若水泥未完全干就上漆（因为赶工嘛），或者水泥裂了，水气会从缝隙处侵入，表面的油漆还是会裂或者斑驳脱落。

不同价位的油性透明地板漆差异在耐候性与硬度，高价品表现都较好，甚至不会变黄哦。

选购时要注意，有亮光与消光两种选择！姥姥一直不太喜欢亮亮的质感，水泥地其实缺点一堆，但我仍钟情于它，就是因为那自然的灰色与朴实感，亮面的涂料会减损那份朴实。若看官您跟我的喜好一样，就可选全消光的油性保护漆。

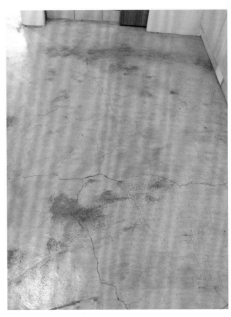

只上透明漆的水泥地板，若底层未干燥完全就上漆的话，日后地板仍会吐色或表面斑驳。

若是上水性透明漆的水泥地板，仍会有起砂的问题。可上油性透明漆来改善。

❶环氧树脂漆可塑造出"无缝"的地板，但涂上后，表面会亮亮的。

❷环氧树脂地板易被刮伤，另外即使上了环氧树脂漆，底下的水泥还是会裂的，有的还会有类似锈蚀的斑痕。

环氧树脂漆省不了多少钱！

若原本地砖够平整，也可以直接在瓷砖上铺环氧树脂漆。施作前瓷砖要先打磨，铺环氧树脂漆又分三层：底涂、中涂与面涂，在不拆瓷砖的情况下，中涂会涂两层，整体厚度达4mm以上，才能盖住瓷砖的沟缝。不过若挑到特别的色彩，如纯白色，单价会高一点。

环氧树脂漆的施作价格与厚度有关，居家最常采用的是浇灌后镘涂，厚度较厚，质感也较好，15平方米厚度3~4mm的采用流展式施工法，价格与便宜的地砖价已接近，所以选择环氧树脂漆省不了多少钱，这一点必须要先了解。

若担心油性漆有甲苯挥发物，另一种涂料做法，是在底层先涂一层水泥封闭剂，再选水性PU透明漆为面漆，单价会高点。

其实姥姥采访过许多家里用水泥地板的房主，他们对起砂这件事倒是都没那么介意。甚至若不是姥姥提醒，他们还没发现地板有砂呢！大部分的家庭隔几天就会扫一次地，少部分则会定期打蜡。照这些房主的经验来看，起砂的问题对他们造不成困扰。

方法2 选择环氧树脂涂料

这也是很常见的做法，环氧树脂地板漆涂起来有点果冻感，表面会亮亮的。最大的好处是可以塑造出"无缝"的地板，所以水泥在底下裂或起砂都无妨。

不过环氧树脂易被刮伤，椅子拉一拉就会出现刮痕。李松柏也补充，使用久了，一样会变黄。师傅们也提醒，涂上环氧树脂漆的表层怕水，一旦有水会变得很滑，所以卫生间等潮湿的地方不适合铺，除非是干湿分离的干区。

施作环氧树脂地板的陈师傅表示，水泥地板干了后，也要再等全部室内工程都结束，才能上漆或上环氧树脂。若是厚度3cm的水泥地要完全干，夏天通常得等一个月，冬天的话则可能要到两个月。上涂料前必须把水泥地表层清干净，不能有杂质，不然环氧树脂的表层日后容易剥落。

方法 3　加水泥硬化剂

若你和姥姥一样不喜欢亮亮的环氧树脂涂料，也无法经常做地板打蜡，又想直接接触水泥面层的触感，加渗透型硬化剂是个不错的选择，只需做一次，就有永久性的效果。不过，加硬化剂可防起砂，但仍无法防裂哦！且场地太小者，很难要求平整度，场地大则可以用水泥地整平机，出来的效果会比较平整。

加硬化剂这个方法较少见，达人建议的工序如下（不好意思，工法的文字就如水泥一样硬，大家忍一下，不然就请施工队来看）：

基础水泥地面

1. 地坪水泥铺设厚度至少需 7~8cm 以上，同时进行加压镘光，之后以 1∶3 水泥砂浆粉光先行镘饰平整。

2. 最后要以水泥粉铺撒镘光，这个工序会决定最后地面的颜色，水泥粉下得够足，最后的完成面会较光滑细致。（水泥粉成本高，多数师傅承作时仅是略铺撒一些）

3. 如果镘饰完成面不够平整，可在水泥地板完成后 21 天（可视产品调整所需天数），以 400 目以上研磨方式磨平。如果地面够平整的话，养护完成后就可以施作渗透型硬化剂。

这是加硬化剂的水泥地板，姥姥现场观察，表面没起砂，但是仍会有裂口。

施作渗透型硬化剂

1. 渗透型硬化剂有一般型及结晶型两种：

A. 一般型：只要把渗透型硬化剂用滚筒或油漆刷，涂在水泥面层即可，用量为 0.1kg/m² （视产品标示而定），刷涂 3 道，每次干后即可刷涂下一道。干燥时间约为 40 分钟，单日就可以完成。

B. 结晶型：就是渗透结晶型的硬化剂，涂布后需砂磨施工，比较不适合一般住家施工，但这种硬化剂的表面硬度较高。最好选锂基硬化剂，可以减少水泥面发丝裂纹，并简化施工清洗等工序。

2. 一般住家使用简易渗透型即可，水泥地面经充分养护后，刷涂前需确实保持干燥，施作前一天需以风扇将

水泥粉光的墙面，不仅可省下油漆费用，也有种清丽的气质。（台南狐狸小屋）

地面彻底吹干。

3.渗透型硬化剂完工后1个小时，即可使用拖把拖地，日后经常以清水拖地板，会使地板愈来愈亮。

水泥粉光墙面：省油漆钱！

水泥不只可用在地板上，也可用于墙面。若你觉得当地板触感太冷，改用于墙面就不会有这个问题，还可省下刮腻子、油漆的费用。

墙面的工序与地板相同，在敲除瓷砖见底后，先打底再做面层，面层厚度3~5mm。不过表面仍会掉砂，要上层漆。因墙面不涉及耐磨的问题，

透明漆可上水性的，或是表层防水剂。

防水剂可塞住水泥的毛细孔，李松柏提醒，使用时要注意加水的比例，各家产品会有点不同哦。

重点笔记：

1.水泥地板的最大优点，就是便宜但又有种朴实的素雅，灰黑白的色调也是许多文艺人士的最爱。

2.缺点是表层会裂、会变色、会起砂，纹路也无法复制。

3.施工时要注意水泥砂的比例为1:3，且要充分搅拌均匀。打底后，一定要等干，才能上面层。表面再打磨一次，触感更顺滑。

4.在水泥中加硬化剂，可减少起砂与开裂。

5.卫生间湿区地板不要上透明漆或环氧树脂，会滑，可完全不上涂料。

这样施工才 OK
水泥粉光的卫生间工法

　　用在卫生间的水泥地板基本做法是先打底，上防水砂浆 2~3 道，再上面层。不管是哪一层，"等干"是最重要的，一定要等干了后再进行下一道工序。

　　不过，面层就不适合上透明漆与环氧树脂，因为卫生间有水，上涂料会滑。那么怎么做才好呢？

　　设计师连浩延建议，就直接裸露水泥表层即可。我个人也使用过这种地板的卫生间，感觉还 ok。起砂并没有带来困扰，真要担心起砂的话可加硬化剂。不过，地板仍会裂会变色。除此以外，连浩延表示："只要防水层做好，并没有其他的问题。"

浴缸旁可加做排水槽，避免积水。（PMK 设计）

卫生间地壁面也可以用水泥。（PMK 设计）

塑胶地板
价格可亲、质感温暖的新选择

姥姥将整个建材界分成四大门派，地板就是其中一个。能成一门派就是因为成员实在太多，如瓷砖、复合多层木地板、强化木地板、无缝地板、塑胶地板与抛光石英砖等类别，每个类别再写下去，咳咳，就是姥姥的另外一本书了。

还好，这本书是教省钱的，若觉得水泥地的色调与触感太冷，姥姥帮大家过滤后，挑出一种价格很可爱、色调很温馨的"塑胶地板"。

塑胶地板不只是塑胶

塑胶地板的成分虽然是PVC，但外观可以看起来很像原木。姥姥多年前对塑胶地板较无好感，因为外表一看就知是塑料的，不只是木纹很假，刚铺好时更会有股浓浓的PVC味，生怕人不知这是廉价的塑胶地板似的。

但现在，真是士别三日，刮目相看啊！塑胶地板的仿真技术进展快速到让姥姥非常惊讶。我在拜访几家塑胶地板商家时，有点不敢相信自己的眼睛。塑胶地板表面竟也可以做到像实木一样，木纹色调有深有浅，有裂痕有导角，甚至还有虫蛀孔。而且也有同步纹的产品，也就是表层压纹不再与木纹各走各的路，竟然也能牵着手重合在一起，脚踏在上面有踩到实木的错觉。另外还有仿石纹、仿红砖、仿铁锈砖的，真的各式各样的纹路仿真度都不错。

姥姥之所以会重拾对塑胶地板的兴趣，起因是采访美国知名家具品牌斯蒂克利（Stickley）。在我称赞着全店的木地板好美时，店主人笑着跟我讲，一部分是强化木地板，但另一部分是塑胶地板。什么？不会吧，我竟然没分出来有什么差别，真是枉我一世英名！为了探究细部不同，姥姥当场就把鞋与袜都脱了，光着脚在楼上楼下走了好几回。

结论是，两者花纹的色调是不太一样，质感也有差别，但差不了多少；不过细细品味的话，厚度9mm的强化地板踏感好一点，3mm厚的塑胶地板是直接贴在水泥地上，踏感仍是硬了

塑胶地板仿木纹的质感与仿真度都不错，又便宜，是性价比很高的地材。图为仿手刮木地板，连裂痕、虫蛀孔都有。

一点（若是贴在木地板上，触感就差不多了）。

但想一想，这两者的价格差 1 倍，整体算下来，这差额都可以再铺一整间房子了。再加上塑胶地板"若瓷砖没有起鼓，也可以不拆瓷砖直接铺"，又可省下一笔拆除的费用，也不必烦恼白蚁虫害。

低预算等级

所以若不是很在乎那差一点的脚踏触感，塑胶地板是姥姥认为性价比很高的地材。我们拿塑胶地板与强化地板来比较一下，若按每平方米 40元来算，塑胶地板可用到高档货，但强化地板只能用底材很烂、木纹很假的货色。

有人可能会说，"强化地板至少是木头，不是塑料啊！"错了！请注意，强化地板的表层跟塑胶地板一样，都是一张印着花色的"纸膜"，只是强化在纸上方的耐磨层是三氧化二铝，塑胶地板则是 PU 材质。不管哪一个，我们脚底接触到的都不是"木头"。当然部分强化地板的花色质感的确可算是大美女，但也是从头到脚整形出来的，根本不能算木头，与实木的距离比地球到冥王星还远。

我写这段并不是说强化地板没有存在的价值，而是你有搞清楚自己为什么选择它吗？事实上它的耐磨性是各种木地板中最优的，花色仿真度及质感也可以很好，但很多网上都写着什么强化木地板是"贴近天然原木，甚至更胜实木"，唉，姥姥只能说，大家眼光要放亮点，不要太相信广告文字。

话说回头，既然我们脚下踩的都不是原木，预算有限时选塑胶地板也

■3种地材比一比：塑胶地板、强化木地板、瓷砖

地板	塑胶地板	强化木地板	瓷砖
材料价格（1平方米）	最便宜	中高	中高
原地砖处理	若够平整，无空心起鼓，可不拆	同左	要拆除见底
花色	仿木纹，仿真度颇高	仿真度与质感较好	若以木纹砖来看，仿真度高低不一；现阶段建议选石材的花色
触感	若底下是地砖，会较硬；若是木地板即与强化木地板差不多	有弹性较舒适，触感温润	最硬，且冰冷
耐磨度	拖拉桌椅时仍会刮伤	佳，不易刮伤	佳，不易刮伤
表层材质	一张纸外附PU或三氧化二铝耐磨层	一张纸含浸三氧化二铝或三聚氰胺，外加耐磨层	石英胚体，有的会外加釉料
虫害	无	有，但概率不高	无
清洁	好清洁，但不能用湿拖把拖，用久后会出现缝隙，会卡污	好清洁，也最好不要用湿拖把，材质较稳定，出现缝隙的概率较低	可用湿拖把，也不会出现原本没有的缝隙，但砖体易吃色
使用限制	怕水怕潮，浴室、厨房都不太建议用	不怕潮，可铺厨房，但浴室仍不建议	不怕水也不怕潮，厨卫皆可贴

1 强化木地板

2 塑胶地板

这是在 Stickley 拍到的强化木地板（**1**）与塑胶地板（**2**），1平方米价差1倍，但外观差异不大，不过贴工与踏感仍有差异。

没什么不好，不少知名博主家里都是用塑胶地板，他们也赞不绝口呢！

塑胶地板的限制与缺点

1. **怕水也怕晒。**塑胶地板虽是塑料品，但底层是用压敏胶黏着的，水或阳光晒久了之后，边缘易脱胶翘起。所以潮湿的厨房、没干湿分离的卫生间、日晒严重的房间都不适合铺。

2. **耐磨度较差。**与强化木地板相比，一般家用塑胶地板的耐磨层为0.07~0.3mm。用硬币用力刮，表面没事，但若是较重的桌椅在上面拉来拉去，表面仍会刮伤。若很介意的人，建议选表面上三氧化二铝（就是与强化木地板表层同材质）的塑胶地板。

3. **底搁板材会影响踏感与平整度。**塑胶地板很薄，所以若直接贴在瓷砖上，触感会较硬；另外若原地板不平整，塑胶地板也会"随之起伏"。

4. **用久后有的板材间会产生缝隙。**塑胶地板现多采用无缝贴法，但地板会热胀冷缩，时间久了后，板材间会出现缝隙，尤其是短边的部分。

还有若贴的地方较潮湿且有日晒，都比较容易出现缝隙。但缝的大小跟地板材料等级与施工方式有关，姥姥家的地板是在日晒处出现缝隙，约1mm，但我个人觉得还能接受，这就看个人选择了。但别以为只有塑胶地板会这样，强化木地板、多层复合式地板也会发生，多是在短边处产生缝隙，只是发生概率较低。

6 大选购要点

塑胶地板分透心与不透心两种做法。透心地砖是方形的，一体成型都是由 PVC 制成，较耐磨，但缺点是花色选择少，常见尺寸为 450mm×450mm、600mm×600mm 等，多半都用在医院或大卖场，居家使用的比例较低。

不透心的是由表层 PU 耐磨层、印刷花色纸与底材等组合而成。大部分家用型与商业空间都选用不透心产品。因为花色选择多，且尺寸多元，长条状的很像木地板，质感较好。

我们来看选购时要注意什么，还有你会听到什么营销话术。

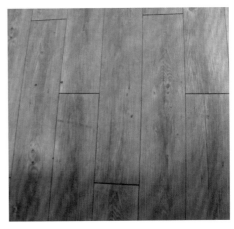

塑胶地板会热胀冷缩，久了会出现缝隙。

Point 1　选 2mm 以上较佳，但不是愈厚愈好

常见的塑胶地板厚度分为 2mm、2.5mm 和 3mm，姥姥以一般消费者的角色去询价时，有的通路商会一直劝我用 3mm 的。但后来姥姥问了一圈施工与制造商家，大家的经验都是在家里用 2~2.5mm 的就 OK 了，价格也便宜。反而是要小心实际厚度不足，有些产品虽然标示是 2mm，实际上却不到 2mm。

而且塑胶地板也不是愈厚愈好，塑胶地板的品质与底层的材质有关，与厚度没有关系。FLOORWORKS 总经理康孟昭表示："塑胶地板的质量，还是要看底材的成分纯度与表面的耐磨力，2mm 的只要用了好的原料，耐用度会比 3mm 但成分不好的高。"

价格的部分，厚度越厚越贵，表面仿真度佳者也会较贵。不过要注意质量，不到 2mm 的地板日后易反翘。

Point 2　挑花色要多看几本目录

选深色与有凹凸压纹者，较能遮刮伤与缝隙。看花色时，千万别拿着 10cm 见方的样本做决定，因为木纹会有"节"，在小样本中不一定会显露出来，等铺成大面积后，你就吐血了。至少要铺 $2m^2$ 左右，才能看出真貌。

一般做塑胶地板的公司或工作室，手上都有数家的产品，姥姥（以普通

塑胶地板厚度为 2~3mm 最常见，3mm 的花色质感较好。

消费者身份）去看塑胶地板时，其中有两家是先给我看最便宜的型号，然后才秀出一个比一个贵的目录。为什么呢？因为好酒沉瓮底，你这才会发现，"有的产品贵得有道理"，那花色纹路与表面触感，都不是便宜货比得上的，你自然就心动了。

便宜的地板花色较死板、重复性很高，也较平面，没有凹凸压纹；但高价位的就有深浅变化，同一系列的图案也有山形纹与径切纹混搭的，有的还仿实木、有导角。

其中也有几家就只有一两个品牌的目录，看来看去就是那几种平面花色，我想若不是店家卖得少，就是这几本是他们家利润最高的产品。所以施工队或设计师拿目录给你挑花色时，一定要要求至少看 3 个品牌，再搭配看其他的品牌，因为价格差不多，质感却真的有差别！

另外前面说过了，塑胶地板可能

会出现缝隙。根据各施工商家的经验，若是浅色地板，缝隙就会较明显。因此可选有凹凸压纹的，当地板被刮伤时，也比较不明显。有同步纹压纹者，仿真度比较好。但姥姥要提醒，不要选刻痕太深的，卡污后不好清理。

Point 3　耐磨层，耐磨转数1万已足够

塑胶地板最上方的耐磨层大多在0.07~0.3mm，越厚耐磨转数就越高，通常1万转以上就已足够，但前面提过了，若是拖拉较重的桌椅仍会刮伤表面。

另外为了加强表层耐磨度，也有的商家会在表面加三氧化二铝的淋膜（如下图），耐磨度也较好。

Point 4　底材原料选新制的较健康，但有PVC臭味的也不一定是回收料

网络上对塑胶地板的成分是不是采用回收塑料讨论得很热烈。姥姥先解释一下，塑胶地板是塑料制成，这塑料"原料"可以采用回收品，也可以新制，谁比较好？这就要看你自己

■塑胶地板组成图

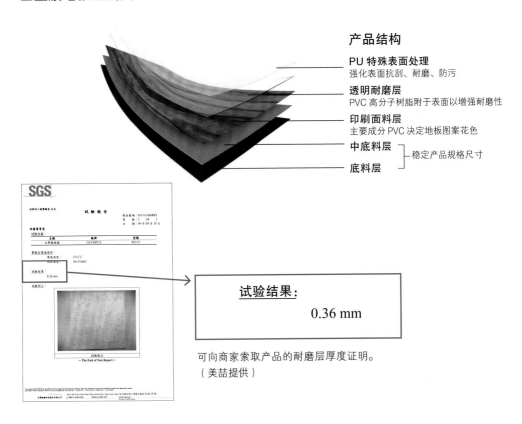

产品结构

PU 特殊表面处理
强化表面抗刮、耐磨、防污

透明耐磨层
PVC 高分子树脂附于表面以增强耐磨性

印刷面料层
主要成分 PVC 决定地板图案花色

中底料层
——稳定产品规格尺寸
底料层

试验结果：

0.36 mm

可向商家索取产品的耐磨层厚度证明。
（美喆提供）

注重的是什么了。

先讲采用回收品的。最大的优点就是成本较低也环保，回收可减少塑料对环境的伤害，这点我觉得是值得肯定的。但因为塑料要加入塑化剂，而这塑化剂也分等级，若是用回收料，无法预知回收品中用的是哪种等级的塑化剂。

所以也有商家采用100%新料制成塑胶地板，优点就是原料质量可完全掌控，但要小心的是，有的通路商在拿样品时会请我闻气味，然后说："这个塑料味较重，就是用回收料做的。"姥姥后来去制造商那里求证，发现即使是100%没用回收料的产品，只要是刚出炉的新制品，也会有味道。所以气味并不是判别地板有没有回收料的方法。

判别底材是否为好料的方法是，将塑胶地板180度拗折，不会断的就是OK的。品质不是很好的地板，在拗折时会断裂。

Point 5　残存凹陷度的数据愈小愈好

塑胶地板被重物压一段时间后会凹陷，无法回复到原来的厚度。残存凹陷度指的就是凹陷的深度。数据愈小愈好。

Point 6　黏着剂要注意

有网友跟姥姥说，因为塑胶地板有甲醛，不敢用。这是典型的误区。正确的说法是塑胶地板原料中并没有含甲醛等挥发性物质，但是黏着剂的部分，就不一定了。

有的师傅是用强力胶黏，这就有甲苯等有害物质的问题。但现在大部

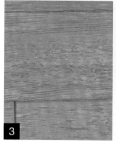

❶小样品与大片贴出来的视觉感受差很多，选定花色后，最好先试拼上胶的一平方米看看。确定是选到真命天子后，再上胶粘贴。❷同样2mm厚的地板，左边的品牌压纹较深，右边的品牌就较平。所以一定要多看几本目录比较，单看一本是看不出差异的。❸凹凸压纹的仿真度高，但是刻痕太深者容易卡污，姥姥试擦过，不好清理哦。❹深色系又有凹凸压纹者，即使刮伤又有脱缝，也较不明显。

未加回收料的地板，可以这样拗都不会断裂。

分师傅都是用水性压敏胶。没有甲醛，也没有含甲苯。

"压敏胶是压克力胶。水性胶都没有用到甲苯，是以乳化剂聚合，所以呈现白色。"专员如此回复。我也问了有关气味的问题，在黏塑胶地板时，会闻到一种不太好闻的气味。他解释，"那就是压克力胶的气味，每种胶都有气味。这种气味过一两天就会散掉了。但这不是甲苯的气味。"

根据姥姥自家贴塑胶地板的经验，那气味的确是在两天后就消失了，所以不用担心有甲醛或甲苯的伤害。

姥姥的装修进修所

塑胶地板，要这样保养

一般塑胶地板居家用5~7年没问题，平日用9成干的拖把或湿抹布擦即可。一两个月打蜡一次，则可延长使用寿命达10年。依据各网友经验，没有重物在上头拖拉或尖物刺穿，也没有泡水的话，可使用很长时间的。

3 种施工法

塑胶地板的工法算简单，60平方米的面积一天就可完工。常见的塑胶地板有免胶水背黏式、涂胶式与卡扣式。

黏着力最好的是涂胶式，若是不想破坏底部的地板，也可选卡扣式；但要注意，有的广告文宣上会说搬家时可带着走，但部分品牌是说得到但做不到，撕下来就会损坏卡扣的部分、无法再次粘贴，购买前请记得问个清楚。

涂胶式施工黏着力最好。

这样施工才 OK
贴塑胶地板要注意的细节

事前准备： 施工现场要打扫干净，家具最好清空。但因塑胶地板干得快，也可留一半，等施作时再来搬。

我是防潮垫

3 一般是刮腻子填缝，但若地板不平，或者想要保留原地板，则会先铺一层 1mm 厚的防潮垫，这部分要加钱。若地板高低差很多，则要用架高地板的方式。

1/2 贴法

1/3 贴法

5 板材有很多种贴法，不同贴法用料量不同，有些拼法损料较多，如人字贴，1 平方米要加收 300 元。师傅说，目前较受欢迎的是 1/2 或 1/3 的排列贴法。

1 若原本是瓷砖地，要先把缝填平。塑胶地板是软材，若底层地板不平整，日子一久，就会浮现格子状。

压敏胶

A

B

齿状痕

C

4 黏贴塑胶地板多是用压敏胶（**A**），再用齿状刮刀（**B**、**C**）刮出刮痕，可让地板黏得更紧。

2 填缝完成。

6 不能从墙面贴向中心点，可从房间门或房间中间开始贴。地板通常与进门方向横贴，视觉上较好看。但主要还是看空间形状与个人感受，有时太狭长的空间，采用直贴较好看。

7 铺之前要先算好宽边的长度，以免最后与墙面交接的地方变得很窄，视觉上较不好看。

8 收边方式，可在墙边留缝，打硅利康或不打硅利康皆可。

9 塑胶地板较薄，一般房门都不会被挡到。但若高度真的妨碍到开门，要记得留开门的空间。

A

B

C

10 门框处多突角（**A**），可用三秒胶涂在衔接处（**B**），要压着等干（**C**），加强黏着力。

11 完工后记得留备料，日后有破损时好替换，不会有色差。

重点笔记：

1. 若以木纹花色来看，塑胶地板 1 平方米 30 元的就不错，50 元就可用到高档货，性价比颇高。

2. 缺点是怕水、怕潮、怕日晒，卫生间厨房不适合用；表面仍会被桌椅刮伤；用久后会产生缝隙。

3. 旧瓷砖若无起鼓，可不必拆除直接铺塑胶地板，但触感会较硬。

4. 涂胶式施工黏着力最佳。

地板番外篇
浅谈木地板与瓷砖

除了前篇介绍的塑胶地板可以不必拆除原地砖直接铺上，以下几种地板也可以直接铺设。（但要注意原地面平整与否，不能有打鼓、碎裂或凸起，也不能有漏水变形，否则仍要全部拆除后才能铺新地板）

1. **木地板**，包括复合多层型木地板、强化木地板、实木地板。但底层要放一层防潮布，有的地不平会再加合板。若旧地板只是不够平整，木地板也可以用架高的方式施作。

2. **环氧树脂地板**，属无缝式地板，但仍会刮伤。施作前地板要先打毛，让环氧树脂的附着力较好。

3. **磐多魔地板**，是一种类似环氧树脂的树脂型涂料地板，也是无缝地板，质感与色调表现比环氧树脂好，但成本贵很多。

若你有一定的预算，容易维护的强化地板与瓷砖就可列入你的地板候选名单。

木地板较能营造温馨的氛围。（尤哒唯设计）

木地板

温馨满屋，让气氛加温的好物

我个人很推荐预算有限的人选用木地板。我曾经统计过国外一些漂亮的设计案，采用木地板的比例最高，即使家具等级平平，也很容易营造出

美好居家感觉。其中深木色、刷白木
色系最好搭配，若不是特别有把握，
要慎用偏红的花梨木色系或偏黄的柚
木色系，因为一不小心会让你家看起
来像老气的茶艺馆。

若原地砖够平整，无起鼓，
就可不必拆地砖，直接铺
木地板。（尤哒唯设计）

杀价、保修这样谈

通常木地板行会有多种品牌的木
地板可选，姥姥打听后，发现价格也
很有弹性。谈价格时有两大原则要把
握住：

Point 1　从少量开始谈，再半推半就答应对方增加面积

这也是许多网友的经验分享。网
友 Joe 就是一开始只问卧室，地板行
开出价格是 1 平方米 600 元（牌价是
680 元）。后来售货员一直劝他客餐
厅也全铺木地板，1 平方米就降到 450
元！

"当然，中间要让对方知道我是有
可能会铺全室的。我确定好想给哪家做
后，就跟售货员说，啊，原本客餐厅想
铺复古砖的，但看你们家的地板后，也
很喜欢。但复古砖才收我 400 元，要换
你们家的实在贵太多。" Joe 说，最后

木地板行店内会提供更大片的样品展示，也可挑
选多家品牌。

售货员就"自愿帮忙想办法"去谈价钱。

另外，让对方知道你去过各地板
行询价，但比价时，请别只单单说"A
家比较便宜哦！"这种空穴来风的说
词，可能会让对方觉得你很肤浅、只
想杀价，根本不想跟你做生意。你应
该把用什么品牌、哪个系列、工法是
平铺直铺、保修几年等，一起提出来
跟对方谈。老板会知道你也是行家，
跟行家谈价格，自然身段就会软一点。

注：若需要更详细的工法，可见姥姥另一本书《这样装修不后悔》。

挑瓷砖时要注意单片花色别太复杂，不然大面积一铺设起来，会令人眼花缭乱、无法放松。

Point 2　不必执着于品牌，但要木地板行签保修书

前头提过了，许多设计案的木地板都是用你绝对没听过的品牌，但是你一定会希望万一没铺好，厂商会免费负责重铺，而不用你浪费 1 公升的眼泪与口水跟对方周旋；或者，万一木地板出现虫虫危机，商家会免费帮忙除虫。

若是一般木工师傅，大都不愿意保修；但若是木地板行，则大多是愿意的。只是太多网友抱怨过，很多厂商都是口头约定，一旦有问题，要三催四请、天天热线沟通，对方才愿意来修。先签保修书就不怕付钱后对方不理你了。

挑大厂牌、10 年保修为佳

想挑瓷砖地板的，姥姥也建议直接杀去瓷砖行下单。在预算有限的情况下，国产品牌的性价比较高。一样都有折扣空间，谈判技巧与木地板相同。

选品牌时可选保修期长一点的，最好有 10 年。为什么？近来瓷砖起鼓或不平整的概率比 10 年前高很多。许多网友与师傅都在谈这个问题，姥姥听过不少血泪案例。我与几位瓷砖业界人士、建商的工务主任讨论过这个问题，大部分都认为有两大原因：

Point 1　尺寸变大了，平整度较难控制

以前客厅铺 60cm×60cm，就叫大气，现在要铺 100cm×100cm 才叫大；但大片砖的烧制稳定度似乎还有进步的空间。所以货到你家时，最好请师傅先一片片检查四角有没有翘起不平。

Point 2　师傅没有确实施工，"空心砖"变多了

尺寸变大的砖底部更不容易完全吃浆，会造成砖体与底层的水泥砂有空洞，也就是俗称的"空心"。只要

里头有空气，未来起鼓的概率就较高。顽石宅修事务所李松柏表示，还是在砖体背后加瓷砖黏着剂，服贴度较好。另外贴完每片砖，也要确实地用橡胶槌轻敲表面，让砖与底层更紧密。

若是瓦工师傅施工，当发生以上问题时，有的师傅会推说是料不好才造成不平整；你去找建材商家，对方又会说是师傅施工有问题，好一点的会派人"鉴定"，但鉴定又要花两个星期，还不一定有结果。于是师傅与建材行两方推来推去，最后搞到你血压升到180、气到摔电话大骂，都还不一定有人愿意免费帮你拆掉重铺。

所以选瓷砖行施工有一大好处，不管是料还是施工有问题，都可以找同一商家解决。

记得施工前先签保修书，若起鼓或空心，就要拆掉重做。写好后就可免去日后的麻烦。

慎选抛光砖，避免风格四不像

选瓷砖种类时，口袋没什么银两的人，最好不要选抛光砖。一来是此砖会吃色，比较不好保养，另一个原因是，这种砖若搭配不怎么样的家具，会更加突显那个"不怎么样"的品位。

一般来说，表面很"闪"的建材都很难搭得好看、搭得有品，除非有厉害的设计师帮你，或者你找到国外设计案的照片，然后等比例完全复制到你家，包括家具与墙面的画作。

特别是，如果你向往的是有如国外影集里的繁复乡村风，更不能选择抛光石英砖，一旦配上造型老土的木

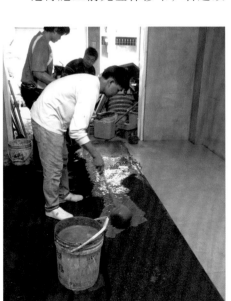

贴大尺寸瓷砖要注意：铺好底层干的水泥砂后，在贴砖前得洒水泥水，并且在砖后方涂瓷砖黏着剂，让砖体与底层水泥砂密合，再用橡胶槌敲击压实，以免内有空洞，日后易起鼓。（顽石宅修提供）

家具或比例不对的大沙发，多半惨不忍睹。除了花花草草的沙发与原木茶几还可称得上温馨外，死白的墙壁若没有壁板呼应，再配上大面积又很抢戏的冰冷抛光石英砖，整个空间就会怪不可言。

国外的乡村风居家设计案，几乎清一色都是木地板，最多是用偏雾面的复古感石板砖，鲜少见到抛光石英砖。

在姥姥采访的经验里，抛光砖地板

搭配得宜的案子，通常家具等级不会太廉价，不管是现代风或北欧风，客厅沙发加茶几，起码是1万元的价格，或至少也是复刻版的知名设计师家具。

这价格不是绝对值，但要有这种觉悟。若无法提高家具的等级，或对自己的家饰摆设品位没有自信，我会建议选雾面的石板砖、铁锈砖等较含蓄又不失质感的砖体，较容易打造出有独特气质的居家风格。

国外乡村风居家的地板多半采用木地板，而非抛光石英砖。（丰泽园提供）

重点笔记：

1. 地板可找木地板行或瓷砖行施工。连工带料都是同一家商家，价格好谈，且俗话说冤有头债有主，未来若有问题，比较好解决。

2. 记得在施工前就要签保修书，保修期愈长愈好，以免付钱后没人理你。

3. 若没预算购置好家具，最好选木地板或雾面型地壁砖，家里比较容易塑造出好气质、高格调。

设计师这样做
清水模与水泥的协奏曲

我就读英国AA建筑学院时，就很欣赏自然、不加味的建材。回国后做的设计案，几乎都是用水泥粉光为背景。室内设计其实是种换内壳的过程，背景要愈干净愈好。

大部分的室内设计都是交屋的第一天最美最新，之后就愈来愈旧。但水泥建材一开始的样子就不是新的，日后即使裂了黄了，也不会觉得变老了。反而愈住愈有味道，不是很好吗？

——连浩延

设计师：
本晴设计 | 连浩延
照片提供：本晴设计

1

格局解析

Ⓐ北向的视野与风景最好，留给不长待的卧室太可惜，于是改成开放式书房，并且整个公领域都没隔间，让居住者能真的享受到这片绿意。

Ⓑ主卧室的面积很小，但少了一面墙，视野就宽阔了。

Ⓒ原本屋子的通风不太好，进来的风都会被挡住无法对流。改造后，无墙壁阻挡，通风自然好。

❶❷最佳视野的空间改成屋主夫妻俩最常待的书房。除了新增的墙面是采用清水模工法砌成，旧有地壁面都是水泥粉光，另在壁面加了泼水剂。

❸天地壁皆是灰色调，自有一份优雅。这间房子除了浴室与卧室有隔间，其他全是开放式空间，抬头就可看到户外的绿意。30多平方米的空间，也有了最开阔的尺度。
❹❺卧室向着公园的那面，以水泥桌替代墙；面对书房的那面，也有开口。如此即使卧室面积限缩到最小所需，仍可拥有绝佳的视野，与绝佳的采光通风。

Part 4 少做木工柜

多规划木工替代工程，找原厂叫料

Cabinet

很多人家里一说要装修，就满脑袋是柜子。玄关做鞋柜、客厅做电视柜、走廊做展示柜、卧室做衣柜，还想做个和室架高收纳地板。

但你可曾好好想过自己家里到底有哪些东西？这些柜子有没有必要？柜子是不是变成"遗忘书之墓"，物品一进入就是遗忘的开始！

（PMK 设计 Kevin 提供）

总量管控，收纳不再增加
柜子做愈多，只会塞愈多

姥姥相信收纳绝对是最让人纠结的事，网络书店当当网与亚马逊的家居畅销榜前10名，除了《这样装修不后悔》以外（姥姥叩谢大家支持啊），好几本书都跟收纳有关，而且已进化到"人生哲学的境界"，如《怦然心动的人生整理魔法》等。其共同特点就是：

一、少买东西；二、多丢东西；三、以上两点做到后，你就可以从此过着幸福快乐的生活。

姥姥极力推荐大家在装修前就先去买一本来看看，你若因此开悟了，从此过着简约的生活，恭喜！你可以少做柜子、少买东西，恢复心灵的轻盈状态。照书上写的，女的可以瘦下来、男的可以更强壮，童年梦想可实现，甚至挽回中年自信，而你只是花50元买本书，有什么比这更好的省钱法呢？

不过我也能理解文字上的开悟容易，但不是每个人都能做到"本来无一物"。若你和姥姥一样，无法对衣服、包包、鞋子断舍离，也无法脱离火影忍者、村上春树的魔掌，做柜子

来收纳那些令人怦然心动的书本衣物，仍是我们普通人的不归路。

不过，做多少、怎么做，就是姥姥接下来要谈的重点啦！

鞋柜恨天高，压迫感太重

先讲一个概念：柜子不是做愈多愈好。这几年已有成千上万经验显示，柜子做得多只会塞得多，东西塞到最后就老死不相往来，甚至完全忘了它的存在。"在搬家时，才赫然发现柜子内有N年前结婚的礼品餐具！"这是高先生的经验，大家应该也都不陌生。

物品就是要用的，若只是存在而不用，那不如丢掉吧，还可省下做柜子的钱。我家鞋柜就是个例子。

那个已往生的鞋柜高度是2.4m。当年施工队长跟我说，宁可做高点、做多点，鞋子会越来越多，日后才有地方放。但实际使用时，超过2m的部分很难拿取，鞋子一旦放上去也就很少拿下来穿。而且2.4m的高度让我家的小客厅看起来更小，也有压迫感。

其实全家鞋子就我的最多，老公与小孩的鞋大概不到 10 双，其他 20 双都是我的。我个人能买到 20 双鞋已是极限，所以重新装修时，就把鞋柜拆了，改买 1.2m 高的现成柜，空间立刻开阔多了。

之前能收纳 50 多双鞋的柜子只剩一半不到，原也担心会不够放，但还好，惨剧并没有发生。我整理完鞋子后，从 20 双变 10 双，当然我还没修炼到都不买鞋的程度。但我严格执行总量管控政策：买一双就丢一双，旧的不去新的不来。

这条规则很重要，一定要严守，衣柜、餐柜皆采用同样的思维，家里的东西就不会愈来愈多。

做足收纳量更重要！

有了总量管控的决心后，你只要再做一个决定就好：要做多少收纳柜。

当我们预算不够时，3 间房的衣柜加起来也要 1~2 万，这开销不算小；又或者，你因预算限制，柜子做得少，结果花钱装修后，家里仍因收纳问题而一团乱。

姥姥又要请朋友 Mei 出场当案例了。她和老公原本共有 3 个 180cm × 210cm 的衣柜，但装修时没钱，只能新做一个 240cm × 210cm 的衣柜。衣服没地方摆，她又买了两个便宜的小衣柜回来。当

现在的鞋柜比以前足足矮一半，收纳量却也足够！

然，整体房间的美感就因这两个风格不搭的衣柜而消失于无形。

若你跟 Mei 有一样的预算问题，其实一开始就不该找木工师傅，而是要想如何"满足需要的收纳量"。

"有一好没两好啊，我就是不想买便宜的 X 牌塑胶衣柜，不做木柜要怎么办？"有的网友心中可能会这样问，哈，那请翻到下一页吧。

省钱魔法 1：零木工衣柜
布帘柜性价比破表

Part **4** 2

少做柜子，不代表不需要收纳，我们无可避免还是要做柜子。接下来姥姥要介绍一种相对便宜的"零木工衣柜"，不但价格不到木工柜的一半，外观甚至更有气质呢！

姥姥自己就用这种柜门以布帘代替的布帘柜，当年是没钱的选择，但这几年的经验是：用起来感觉很不赖。

这种衣柜门帘就像做窗帘，把轨道锁在水泥吊顶上，内部再锁上挂衣杆，放抽屉柜，我家一个210cm布帘柜的花费，还不到木工柜子的两成。

找出 U 形空间

做这种布帘柜的第一步，是要决定衣柜要做在哪面墙，最好是两侧有墙、内凹的 U 形空间。若没有也无妨，可买转角式的挂衣杆与轨道，直接锁在墙上或天花板上。

比价衣柜的规格

Part 4 和 Part 5 会介绍各式各样的衣柜，但价格会受内部配件不同有所差异，因此姥姥比价的统一规格如下：

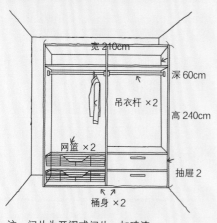

注：门片为开阖式门片，加喷漆。

布帘衣柜要花多少钱？

挂衣杆：20 元 / 米 ×2 支 =40 元
抽屉柜：宜家马尔姆（MALM）的 4 格抽屉柜 599 元
布料：30 元 / 米 ×2.8 米高 ×2 块 ×2（2 倍布宽）= 336 元
轨道：10 元 ×2.1 米 = 21 元
合计：约 996 元

零木工衣柜这样做

布帘柜可完全不动用木工师傅，自己做。先找个 U 形空间，吊衣杆直接锁在墙与水泥吊顶上，门片用布帘代替，布帘两幅，下层可用宜家 EXPEDIT 收纳柜，也可以自行买其他收纳柜。

布帘门片没有开门方向与空间的限制，左拉右拉都可以，缺点是里面衣物较易招尘。

挂衣杆若超过 90cm 长，在中间要加支撑架。挂衣杆的两侧用衣托直接锁在墙上。

如果不是 U 形的空间，用转弯轨道即可设计出 L 形的布帘柜。

Point 1 | 轨道不能锁在石膏板上

但要注意，若是石膏板顶棚，或轻钢架墙面，通通不能直接装挂衣杆或窗帘轨道哦！

墙面施工前，要跟做墙或顶棚的师傅沟通好，把固定铁件五金或18mm多搁板加在面材后方做强化，才可锁上杆架。

另外，像抽屉、拉篮或穿衣镜等需要"木工柜体"或立柱才能加装的五金配件，基本上无法直接安装于墙上，但你可以去买现成抽屉柜替代，也较便宜。

用布帘取代门片好处很多：第一，没有开门方向与空间的限制，左拉右拉都可以，一拉可以打开约九成面积。不像一般门片开门时势必占到空间，也不似移门只能开一半，永远有另一半的衣服看不到。

第二，价格便宜很多，衣柜的移门一组要再加上千元，但一片布帘在四百元内即可打发！

Point 2 | 布帘布量要较多

布帘有太多花样任君选择，若你愿意，还可挑双层缇花针织布或芬兰品牌marimekko的经典红色罂粟花，不只空间，保证让你连人都有品位了起来！

挑布料时，挑不透明的较好，这样柜子里面再怎么乱都没关系。另外，记得挑有点重量的布为佳，才不会被电风扇一吹就乱飞。布帘的褶皱抓深一点会比较好看，因此布量建议比轨道长度多一倍。

我个人认为布料的触感自然温暖，比贴皮木板舒服多了。当然美观感受是见仁见智，凡是我觉得风格很土的，我老公都觉得很美（他就是这么选上我的）。

但布帘柜也有缺点，与木工柜相比，里面的衣服较易招尘。木工柜的密合度较好，灰尘不易进去；另外，有些人就是没这个命享受这种柜子，如有过敏，布料会养尘螨，除非你买抗螨布料，但预算就拉高许多了！

■布帘做法比较表

种类	穿管式，夹式	布环式，绑带式	传统轨道式
布料用量（以原窗宽度为基准）	约1.5倍	约1.5倍	2~2.5倍，用布量多，价格较高

若屋高超过2.8米，可外加木工框，减低压迫感。（PMK 设计）

STOLMEN 系统衣柜 4 段式组合。（宜家提供）

Point 3 ｜面积太大可加木框修饰

若屋高达 3m 以上，又是做一整面墙的衣柜，即使是布幕，仍会带来颇大的压迫感。PMK 设计师 Kevin 教了一招：在布帘外再加一个木工框，衣柜高度约 2.4m，这样视觉上就不会那么高，能减轻压迫感。

Point 4 ｜若无侧墙，用开放式柜体

若连单侧墙的空间都没有，可以改用开放式衣柜，结构体可以是人造板，或角钢、钢制长杆，像宜家的斯多曼（STOLMEN）衣柜。

用角钢或钢制长杆型衣柜有两样好处：一、角钢可伸缩，高度为 210~330cm，可充分利用空间；二、搬家时还可带着走。缺点则是开放式柜体仍会让衣物招尘。

价格上，人造板开放式衣柜与角钢架都很平价，但质感差很多，人造板柜的相关挂衣等配件较齐全，可优先考虑。

宜家的斯多曼系列衣柜质感也不错，但可惜的是"不提供保修"，也没想象中的便宜。

姥姥找到一个规格较接近前页衣柜的组合：宽 220cm，3 立柱、2 抽、6 搁板、2 挂衣杆加固定配件，再加布料，全部加起来要 3000 元左右，虽然还是比木工柜便宜，但就没有比板式衣柜便宜很多（类似规格的板式柜 3000~4000 元）。

所以比较起来，还是选人造板的开放柜性价比高点。

（注：宜家产品年年替换，文中产品可能已停产。）

Part 4 / 3 省钱魔法 2：老柜新生
保留柜体，另做门片

"姥姥，我们很想保留旧柜子，但风格又无法与新家相符，该怎么办？"不少网友问我这问题。我来教大家两招，马上就能让旧柜子在新家再创第二春！

Point 1 | 旧柜体 + 新移门可遮畸零角落

首先找个 U 形空间，不管你的旧柜子长什么样子、是什么颜色，塞进去后，加个门框、钉两片移门遮起来，就像新的一样。

若没有 U 形空间也不必担心，可以请木工师傅做个柜体外框，再加移门即可。

这是受访者 Lillian 家的做法。不论是衣柜或餐柜，皆以新（门片）、旧（宜家柜体）混搭的概念来做。她说把旧柜子扔了既浪费又不环保，但若继续用，又怕与新家风格不符，做新移门就能解决以上问题，只要门一关，什么杂乱、墙角空隙都看不到。

Point 2 | 旧柜体 + 新门片打造梦幻风情

旧衣柜的柜体若没有受潮变形，可以保留柜体只换门片就好，这样比起整个做新的约可省下一半的费用。若嫌柜体老旧，可请油漆师傅刷上白漆，就跟新的一样了。

Lillian 家的衣柜请木工只做移门，里面放旧的衣柜体。

一般平移门柜门片选择很多，可以选木角料结构的木门片、板式家具的塑合板门片、三聚氰胺板门片、天然实木皮门片等，或者也可到宜家挑门片。选门片时要注意尺寸要与原柜体相合，以免兴冲冲买回来装不上去就糗了。

姥姥的
装修进修所

乡村风衣柜改造案

这是设计师孙铭德的衣柜改造案，他就是采用新门片，保留旧柜体，费用只需花费全新衣柜的一半。但外观看起来也能跟新的一样，是性价比颇高的做法。

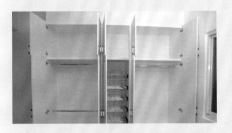

旧柜体若堪用，可只换门片，内部刷上白漆，就跟新的一样。（阿德提供）

before   after

旧木箱也是文青法宝

现在有许多咖啡馆也采用红酒箱来做柜子。红酒箱是玩布置的文艺青年很喜欢的道具，木制品，外头又有印英文字，颇有欧式杂货风情。

以前许多人会去跟酒商要，酒商都是送的，反正箱子也不值钱。但后来实在太多人要了，供不应求，有的酒商就开始卖了，现在淘宝上也有很多商家卖。

不过，红酒箱组成的柜子没什么结构力，不要做太宽太高，宽150cm以内、高210cm以下较安全。此外，记得施工时，外围要再加个木工外框，会比较稳固。

利用各式红酒箱组成的柜体，因承重力较差，最好只放杯子等较轻的物品。

重点笔记：

1. 用布帘取代门片的零木工衣柜，费用最省又不失质感。但布料最好挑有点重量又不透明的。

2. 挂衣杆等五金配件要锁在墙上，若是轻隔间石膏板墙，板材后方要加固定五金或18mm细木工板。

3. 家里有旧柜子千万不要乱丢，只要重做门片，不管是浪漫乡村风线板门片还是时尚感移门，都可以让你的收纳空间焕然一新！

4. 涂装板是替代贴皮门片的好选择，可省油漆钱，但价格仍比贴美耐板的板式门片稍高。

省钱魔法 3：只做搁板
让柜子的花销一省再省

搁板，在大江南北的称号也很多，层板、隔板、墙板都是它，最适合"不在乎物品染尘"的族群，若看官您是像玛丽公主那样天天带着手帕检查家里有没有灰尘的，那还是放弃此种做法吧！

有些省钱书会教人做柜子不做门片或背板，但我细问后，发现只少门片未必能便宜很多，虽省下门片费用，但会增加油漆的钱。有门片时，里面可用免漆板，不必上漆；但若没用门片，则柜体内的搁板表面都要上漆。偏偏油漆的工资比木工更贵，开放式柜子变成板材要喷双面，甚至 6 面表面全喷，加上 2 底漆 2 面漆，林林总总算起来，师傅报价也没比想象中省多少。

但很奇怪的一点是：当柜子不做门片、不做背板、也不做侧板时，我个人觉得跟"只做搁板"不就是一回事？但事实上报价会差很多，若只报

搁板的开放性，可让空间不显狭隘。（尤哒唯设计）

无支架搁板承重力较低，不适合放书或太重的东西，否则容易弯曲。

搁板的价格，与不做门片的柜子价格，一尺可能会差 10 倍，当然做法与料一定不一样。

因此姥姥建议，若可接受不做门片，不妨用搁板，会更省钱。但它的缺点就是不管是放书或收藏品，容易显乱，并且会积尘。毕竟柜子若有门片，轻轻一关可以快速让空间恢复整齐，当公婆或客人打电话来说半小时后来访，柜门的价值会令你感激涕零，这可是开放式搁板做不到的。

若搁板要放书，可参考 Part 4.7 姥姥家做的设计，承重力很好，即使层格超过 1m 也不会下弯。

搁板材质关乎承重力

你也可去大卖场买现成搁板，但想要用得久一定要看清材料说明。我们以同样厚度（18mm）、尺寸和支架跨距的搁板来看。

承重力是：实木＞多搁板＞细木工板＞刨花板＞中纤密度板＞纸蜂巢板

搁板的材质有很多种，实木材质比较纯的，承重力最好，实木板、多搁板、细木工板等若是放书，长度达 70~90cm 都还可以；但像刨花板、中纤密度板等是将木头打成碎块或纤维后压制而成的，承重力就差了，若是放书，长度最好不要超过 45cm，不然容易变形。

搁板的承重力与墙壁材质和锁螺丝的长度也有关系，记得要锁在 RC 墙或砖墙上，承重力较佳，不能锁在轻钢架隔墙上。此外，承重力也跟下方的支架跨距有关。

目前很流行的无支架型搁板，外

12 本村上春树的书，就重 4.5kg，因此放书的搁板要选承重力较好的。

电视墙也可设计作搁板，放上心爱的展示品。

形美观，无论是正面看、侧面歪头看，你都看不到固定的脚架，但缺点就是支撑力不甚理想，若放书或较重的东西，久了易下弯。若想放较重的东西，还是买有支架的较好，且跨距不要超过 70cm。

还要提醒一点，搁板不是愈厚的承重力愈好，而是要看结构与材质。有网友提出家里用厚度 5cm 的宜家拉克（LACK）搁板放书，用不到 2 年就垮了！

姥姥解释一下，这宜家的拉克搁板，虽然外观厚 5cm，但承重力并没有比 18mm 的刨花板好。这是因为拉克的内部板材是"纸"制的蜂巢板结构。

纸蜂巢板是便宜又轻量的板材。我再重复一些老话：便宜不代表不好，连意大利知名品牌家具都有采用蜂巢板，建材是看特性，不是价格贵的就好。

蜂巢板的缺点是耐用年限较短，承重力较低。因此使用上有些限制：首先，最好别放书等较重的东西，不然中间会下弯。

例如宜家宽 110cm、厚 5cm 的拉克搁板，说明书上写承重 5~15kg，但我们必须用最低标准 5kg 来算。以村上春树的丛书为例，当书籍排在一起时宽度约 20cm，总重大约 4.5kg，因此只要放 30cm 宽以上的书就会超过 5kg！再多放个几本，八成就会发生伦敦铁桥倒下来的惨剧。

除了承重力不够，蜂巢板也怕潮（刨花板及中纤板等也是），容易脱胶，会从边缘开始翘起。但搁板的耐潮力可用表面处理手法来增强，涂上油性漆保护，或是做好封边，都能增强防潮力。

Part 4
5
省钱魔法 4：装修偷懒法
这些细节都可以省！

除了沿用旧柜体可省钱外，还有些装修工程可再省点银两。例如墙壁整修的工资部分是花在"整容"，包括贴砖、刮腻子、上漆等，让壁面美观亮眼。但柜子已经挡住了墙壁，自然这部分的美容费就可省下来了。或许看起来不多，但众多小钱累积起来也相当可观。

Point 1 | 橱柜后方墙壁，水泥做到打底就好，不必贴砖。

现在最常见的厨具设计，就是上下都有柜体、中间墙壁加贴烤漆玻璃。因此柜体后方的墙面可做到水泥打底即可，不必上面层，也不必贴砖。

Point 2 | 衣柜及书柜后方墙壁、储物间的轻隔间墙，都不必刮腻子上漆。

因柜体挡住墙壁，自然不必再刮腻子上漆。

要注意的是，若柜体或储物间的墙后是浴室或厨房，则建议在柜体后方加塑胶防潮布。防潮布价格便宜，多半不会加价，不要白不要，记得开口问问师傅或设计师，不要放弃升级的机会！

Point 3 | 衣帽间与储物间不必做木工柜，用现成柜、角钢架或便宜的板式柜就好。

规划衣帽间要掌握一个原则：就是"人可以走进去的放大版衣柜"，里头的柜子只要有收纳衣物或杂物的基本功能就好，为了美观做实木皮木板、染色上漆、线板等，都属不必要的花费。

可以采用布帘衣柜的做法，把挂衣杆锁在墙上，或者直接买宜家或板式衣柜的柜体来用。

储物间可以用更便宜的角钢架。但要注意品质，有的虽便宜，但用久后会生锈哦！

Point 4 | 柜子规划成隔柜，可省墙的费用。

姥姥在做隔墙的隔声实验后，发现大部分隔墙都没有什么隔声效果。所以不如直接用柜子当隔间，可大大省一笔开销。

❸柜体后方或储物间的墙面可不必刮腻子上漆，保留板材原始面貌即可。图中为石膏板未上漆的样子。

❶❷像这个厨房的整面墙都被上下橱柜、电器柜与烤漆玻璃遮蔽，看不到的壁面都可水泥打底就好，不必贴砖。

❹我个人觉得衣帽间的门一关，就能遮丑遮乱，所以柜体用便宜的就好。图中的衣帽间造价可不便宜，一样老话一句：没钱不要学！

设计柜体，五大重点
打造最好用的柜子

不管你家柜子是打算买还是做，要注意下列几样设计细节，可大大提高柜子的"好用度"。

Point 1 | 抽屉与柜身尺寸

想省钱的人，务必注意抽屉与柜体的宽度。先谈抽屉与拉篮，1个60cm的不锈钢拉篮若是20元，80cm的则28元左右，不管是抽屉或拉篮，做大一点的性价比较高。

也就是说，大抽屉并没有贵太多，数量才是增加预算的主因。所以可选宽一点的，但太宽也不好用，最好在90cm以内。另外，抽屉分内抽或外抽。内抽就是指外头有门片的，外抽就是没门片可以直接打开的。一般外抽会比较便宜，因为不必再做外框。

Point 2 | 柜子的深度

一般衣柜的尺寸是60cm深，太扁的衣柜只能衣架横放，收纳量会比直放的少很多。但也可以再深一点，深度在80cm以上就可充当小储物间，就像日本居家常见的壁橱，可放行李箱、电风扇等东西。

橱柜、储物间的柜子深度也可做到60cm，其他的书柜、餐柜与展示柜做太深反而不好用。一则东西全往里头塞，不好拿取；二是会压缩你原

衣柜的抽屉分内抽或外抽，外抽式的门片钱可省一点，抽屉也不必再多做一层外框，整体价格会再便宜些。

空间不到60cm深，可做横放式衣架。

本的室内空间，但收纳量却没你想象的大。

餐柜若要放大餐盘或微波炉等电器，深度至少需要 40cm，之前有位读者曾发生过电器柜设计好后，微波炉放不进去的惨事，所以一定要先列出自己要收纳的物品，再决定深度。

Point 3 ｜移门

衣柜门片分平拉式与移门两种，平拉式较便宜，但需要前开的空间，小空间卧房空间不足时，移门衣柜还是必要的。只是要注意，做移门的话，衣柜深度要多 10cm 左右。也就是原本 60cm 深的，要变成 70cm 深。

姥姥的
装修进修所

衣柜配置比一比！

（示范图片 / 宜家提供）

同样 200cm 宽的衣柜，不同柜体配法价格有差别。

A 方案一大两小柜体，1820 元。

B 方案 2 个柜体，1320 元。

B 方案可少 500 元，性价比高于 A 方案。A 方案看似会多一个柜体，但收纳量却未必比 B 方案多，但 A 方案在衣物的分类上会比 B 方案好用。

A 案

B 案

柜子不是完全不做，但不该是闷着头、
想都不想就做一堆。（尤哒唯设计）

Point 4 | 避免因特殊物品牺牲空间

有设计师提出要为某些特殊物品去设计收纳柜尺寸，特别是书柜与鞋柜，姥姥的看法却不一样。

书柜下一篇再仔细聊，先谈鞋柜。大部分鞋子高度不到10cm，但许多人会在柜子里特别留一整层"挑高空间"给女性同胞放长靴——但美女，你的长靴有几双？像姥姥的柜子有150cm宽，但长靴只有一两双，摆一起也只占50cm宽，旁边还有足足100cm的空间，上方空空荡荡放不了东西，空间多浪费！

比较合理的做法，当然是将这两双尺寸特殊的长靴另外收起，搁板多放一层，这样收纳量才多。

Point 5 | 多要一些搁板备用！

不管什么柜子，两侧请师傅多留些孔，也要多留一两片搁板，想调整柜子高度时，你会感谢当年的决定。

鞋柜搁板最好是可调式，才能创造最大收纳量。若只有一两双尺寸特高的鞋，建议另找地方放，以免浪费太多鞋柜空间。（宜家提供）

Part 4
7
书柜，我家的小确幸
首重承重力

装修的花费会与龟毛爱干净的程度成正比。

姥姥因工作的关系，常要看设计个案的照片。说实在话，我很怕看到那种收得一干二净的家，画面是很好看，但太不食人间烟火了，一点人味都没有。我这种懒散的人若活在那种空间里，会不由自主地紧张起来，就像不敢坐非常干净的白沙发一样，生怕自己弄乱了空间。

我的家大部分时间都是界于很乱与有点乱之间，这可以让我更自在，也可以让我找到不打扫家的借口，哈哈。

一般餐柜、鞋柜都会选择有门片的，这没什么问题，比较有讨论空间的是展示柜或书柜。

我在决定整面书墙时，选择不要门片。当然第一是没预算了，没门片的便宜点。第二，因为是整面书墙，有门片的话会让人有压迫感，而且会看不到书，一旦看不到书，就不会想起它们。这柜子根本就变成西班牙作

我家的书柜，能天天一回家就看到书本们，会觉得莫名的安心。

可以用厚纸板裁成书的深度，盖在书上头。年终要清理时，直接把厚纸板清一清即可。

层格低一点，距离书本 2cm 左右，书上方就不易积尘。但也不能太近，不然会不易拿书。

家萨丰说的"遗忘书之墓"，我想，书一定会很难过，还不如转送给有用的人。

最重要的因素是，我喜欢被书环绕，有种仿若被爱人拥抱的安心感。

我无法接受把书藏在书柜里看不到它们，也无法接受书与我之间有玻璃隔着。你可能会觉得这也太夸张，玻璃门片也可以看到书啊，还可以减少书积灰尘。

但不知为什么，我就喜欢可以直接看到书、拿到书的感觉，这大概就跟某人喜欢吃炸牡蛎、某人喜欢锁骨的三角地带一样吧。

每个人在意的地方不同，我的另一位好友 Yeh 就无法接受让爱书蒙尘，所以他的书柜就都是玻璃门片。

爱上开放书柜的代价就是书会积尘，最上方不常动的那层尤其积得厉害，我虽然不在意，但每年年终还是得清理一下，不然，书和老公都会怨我，我可受不了。而在我劳动筋骨时，朋友 Yeh 还是可以翘着二郎腿看书，看到没，这就是有门片与没门片最大的差异。

意大利有句俗谚："家，是自我的延伸。"讲得真好，你看光一个木工柜要不要门片，就能让我们想这么多有的没的。

但姥姥终究是属于很懒的人种，多年来也练出一些可以减少积尘的"懒人防尘大法"。在此跟大家分享，就是在书上方放个厚纸板，要清理时，就清一清纸板上的尘土即可，或者干脆换一片。当然武功高超的各位读者还有其他秘笈，也欢迎切磋。爱书人总要帮一下爱书人嘛！

我家搁板书柜的做法

很多读者对我家搁板书柜的做法很有兴趣。嗯，一般细木工板、刨花板、多搁板在宽度超过1m时，承重力就会变弱。若要放书，通常几年后，搁板就会弯曲变形。

但我家的搁板因工法不同，宽度长达2m多，经过7个春秋后，仍未变形。是怎么做的呢？

1. 先用厚5cm的多层木龙骨当结构架，打钉固定在水泥墙上。每30~40cm加一支木龙骨。

2. 上下再贴3mm细木工板。

3. 最后用油漆染色。

因为使用多层木薄片压制成的龙骨做搁板，侧面就会出现深浅层次。这种搁板是固定在侧墙，底下不必加支撑架，放书量可以多一点。

我家书柜是利用集成角料为结构，承重力佳，层格宽度可超过1米多，至今都没下陷。角料侧边的纹路染色后，深浅层次变化也很好看。

姥姥家搁板书柜做法

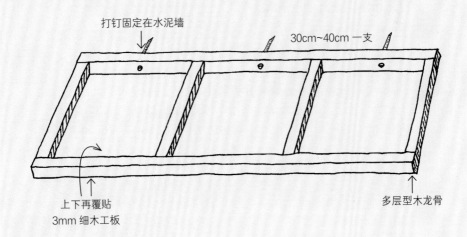

打钉固定在水泥墙

30cm~40cm 一支

上下再覆贴
3mm 细木工板

多层型木龙骨

姥姥制作

书柜设计重点

Point1 丨柜子的深度不是愈深愈好！

书柜的深度，我个人认为不宜做太深。一来不好拿东西，二来让原本的空间变小，但收纳量并不会比浅一点的柜子多太多。

有的书柜会设计40cm深，我就觉得太厚，除非是要收双层书或还要放其他东西，不然，只要25cm深就可以放入8成以上的书籍，包括日本系列的村上春树、宫部美雪、吉本芭娜娜、梦枕貘、辻仁成、小川洋子，欧美的《达芬奇密码》《风之影》《布鲁克林的纳善先生》《钢琴师与她的情人》《垂死的肉身》，华人之光的金庸、古龙加倪匡的全系列等，都可以收进书柜中。

25cm深的书柜，可以让你的客厅多15cm宽度，你家看起来会大一点，

开放式书柜深度只要25cm即可收纳绝大多数的书。层格大小也不一定要每格固定，利用不同宽度与高度来呈现，可添加设计感，收纳量也较大。（宜家提供）

住起来就比较舒服。

　　但像柜子深度这种小事，部分设计师都是照惯性去设计，可叹的，这惯性都是"多做比少做好，做深比做浅好"，唉！所以你一定要好好跟设计师聊，不然最后出来的一定是个

18mm 厚的刨花板承重力不太好，图中为 90cm 宽的搁板，放满杂物就下陷了。

40cm 的书柜。

Point 2 ｜ 书柜单格不要太宽

　　一般置物柜的单格宽度影响不大，只有书柜因为承重大必须格外注意。若是用细木工板做书柜，厚 18mm 的细木工板可以做 70cm 宽以下；若是板式家具，同样 18mm 厚度的刨花板，因承重力略逊，建议做 50cm 以下。

　　但若有美观考虑，或你一定有要超过 1m 宽的执着，仍有解决办法，只是不能直接用 18mm 厚的细木工板或刨花板来做，而要改用铁件。

　　铁件可以很薄就达到足够的承重力，厚度不到 1cm（通常是用 9mm），

黑铁打造的书柜线条更薄又利落，缺点就是贵而已。

视觉上简洁利落。但是铁件的触感较冰冷，未必人人都爱，价格也比较贵。

Point 3 | 不要为大头书迁就设计

刚说过 25cm 深的书柜就够用了，但这个深度的确没法收大头旅游书、英国设计师 Kelly Hoppen 的设计书、日本杂志《Brutus》等。许多人会因这些书就让整体书柜变成 40cm 深，这正是为了一枝花牺牲整片花圃了。多这 15cm，客厅会变狭小，划不来！不如把这些书另找地方收纳。

或可参考姥姥家的书柜做法，最

下层 40cm 深，可放大头书，第二层以上就维持 25cm 深（这样也有另类好处，地震时若掉下来，底下多少可以挡一点，砸伤人的概率小一点）。

Point 4 | 整面书墙以开放式为宜

小房子最常见的大面柜是在客厅、书房或餐厅，若这几个地方都不超过 10m²，又是闭密式空间，有门片的柜子超过 2.4m 高、3m 宽时，就会给人很大的压迫感，这时最好选做搁板式柜子，或上半部开放、下半部有门片式的设计，可多些呼吸空间。

Point 5 | 木工柜的螺丝孔有铜珠，承重力高

木工师傅做的木工柜搁板承重力比板式家具好，不只是因为细木工板比刨花板强度高，也因为搁板孔的做法不同。板式柜的搁板孔只有打洞而已，而木工柜会在里头再放铜珠（或称铜母），铜珠能让搁板支撑力更佳。因为书的重量较重，所以若是想做书柜的人，选木工柜较佳。

整面墙皆是书柜时，采用开放式设计，可让空间看起来更开阔。

左图为板式柜，右图为木工柜，木工柜的螺丝孔会加铜珠。

精打细算做橱柜
妈妈的幸福看这里

"人的一生，如果不品尝一次绝望的滋味，就无法看清自己真正放不下的是什么，也不知真正令自己快乐的是什么，就这样迷迷糊糊长大、老去。"这是日本作家吉本芭娜娜在成名作《厨房》中的一段话。我很喜欢这本小说，每回写到跟厨房有关的文章，就会找出小说重看一次，摘出一段话。

小说里面姥姥最佩服的是那位从"爸爸"变性成"妈妈"的惠理子；还有即使爸爸变了性还是一样爱他的雄一。

雄一家的厨房是开放式设计，厨具就在沙发的背面，虽然似乎也是一字形，但与客厅空间相连，做料理的人可以同时跟家人互动、聊天，不必辛酸地塞在小空间里挥汗如雨，心情也会跟着一起开阔吧！

厨房的设计，或者说厨具存在的价值，除了让你煮饭、炒菜、熏油烟以及收纳瓶罐之外，某种程度上也与你酸甜苦辣的人生价值紧紧相依！

很多人家里订做橱柜时没有多想，都是由施工队代订，结果长相都很类似，何不多花点心思、配合自己的下厨习惯改造一个有自己风格的料理小天堂？
（集集设计提供）

厨具市场也非常热闹，从知名的设备厂到板式家具商，还有在社区里的厨具行、在乡间小路旁一整栋5层楼房、从切板到组装一条龙作业的现代化工厂。

厨具可谈的真的很多，姥姥也将再出一本专论的书，但大家可能会等太久，先来谈一下橱柜设计常见的误区吧。

橱柜设计常见的两大误区！

担心手上预算不够，橱柜也有省钱的做法。例如板材与门片皆为刨花板、台面为三聚氰胺板，就可以订到很不错的橱柜。只是，第一，要跳脱传统的观念，橱柜并没有哪位神明规定一定要上下柜都做；第二，材料不是愈贵愈好，也非愈厚愈耐用！

用搁板当上柜，空间感会更开阔。（集集设计提供）

误区 1	要做上柜，才能藏好抽油烟机与瓶瓶罐罐？

姥姥点评：不见得吧！

你是不是常把东西放在厨房上柜里，因不想踮脚尖或搬椅子，一开始懒得拿，最后则完全忘了有过期的酱油、味精堆在里头？改用搁板后，瓶瓶罐罐整齐放好，好拿又好看。

而且，若台面只有60~70cm宽，切菜后连暂时摆放材料的空间都没有，搁板也可当放料理或准备材料的临时备餐台，对妈妈来说很好用！

再来，我个人认为省下上柜的费用，把钱花在下柜的抽屉柜比较实在。

所以不妨将燃气灶下方的柜子改成抽屉柜，但水槽底下因为较潮湿，做搁板比较通风，做抽屉可以收纳较多东西，就看个人选择。

至于抽油烟机的管线要怎么处理，可以参考第103页王镇家的设计，用木板做箱子遮起来就好，不怕与周围装修格格不入。

如果条件允许，把厨房与其他空间的隔墙打掉，有助家人感情交流，但必须先考虑家里的料理习惯，以免天天油烟满屋。（宜家提供）

且抽屉柜比门片柜好用，便于收纳也较易拿取东西。抽屉柜会比门片贵，以宜家为例，80cm宽的门片柜是1000多元，但抽屉柜要2000多元。说实在话，价差2000元以下，在整体装修预算中不算多。

误区 2　开放式厨房要开阔，才有豪宅设计的感觉？

姥姥点评：常开火又爱大火炒菜者，还是适合把厨房做成独立有隔断的空间，但可尽量以大片玻璃窗降低空间压迫感。

开放式厨房是这几年的主流，很多样板间也爱这样设计。开放式设计的原意是希望下厨者能待在一个更大的空间里，不要自个闷着头吸油烟。但从网友的经验看来，因此让全家一起饱受油烟之苦的也不少。

若是常开火，也习惯大火炒菜的人，开放式厨房就得运用移门来挡油烟，若没预算做移门、厨房在进风口、还有抽油烟机离窗远又只想买吸力为基本款者，都不太建议用开放式厨房。不过可以将隔墙做个玻璃窗或设计大一点的开口，让视线能向外延伸。

**姥姥的
装修进修所**

设计好用橱柜的 11 个原则

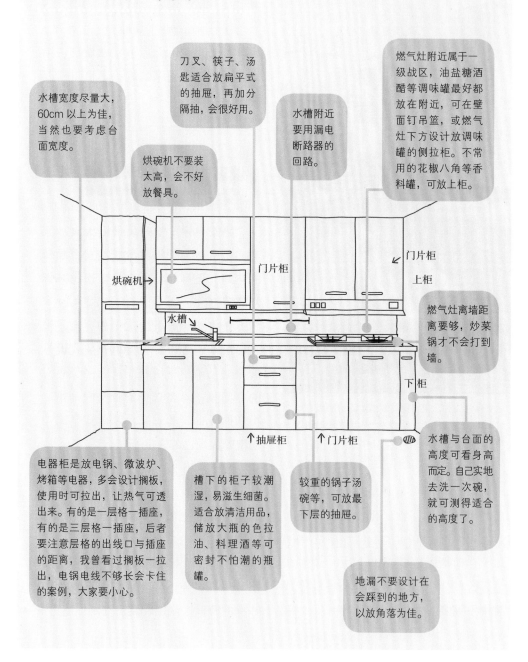

水槽宽度尽量大，60cm 以上为佳，当然也要考虑台面宽度。

烘碗机不要装太高，会不好放餐具。

刀叉、筷子、汤匙适合放扁平式的抽屉，再加分隔抽，会很好用。

水槽附近要用漏电断路器的回路。

燃气灶附近属于一级战区，油盐糖酒醋等调味罐最好都放在附近，可在壁面钉吊篮，或燃气灶下方设计放调味罐的侧拉柜。不常用的花椒八角等香料罐，可放上柜。

烘碗机→

门片柜

门片柜

上柜

水槽→

燃气灶离墙距离要够，炒菜锅才不会打到墙。

下柜

↑抽屉柜

↑门片柜

电器柜是放电锅、微波炉、烤箱等电器，多会设计搁板，使用时可拉出，让热气可透出来。有的是一层格一插座，有的是三层格一插座，后者要注意层格的出线口与插座的距离，我曾看过搁板一拉出，电锅电线不够长会卡住的案例，大家要小心。

槽下的柜子较潮湿，易滋生细菌。适合放清洁用品，储放大瓶的色拉油、料理酒等可密封不怕潮的瓶罐。

较重的锅子汤碗等，可放最下层的抽屉。

水槽与台面的高度可看身高而定。自己实地去洗一次碗，就可测得适合的高度了。

地漏不要设计在会踩到的地方，以放角落为佳。

设计师这样做：简约的镀锌板活动厨具

"我家的橱柜是把上柜设计成搁板，因为上柜并不好用，放在里层的东西不好拿又容易被遗忘。改搁板后，东西看得到、拿得到，空间感也较开阔。但缺点是收纳空间较少，放的东西也会招尘。所以要不要做上柜，就看每个人的取舍是什么。另外较不同的是，我把橱柜做成活动式，这样搬家就可带着走。"

——集集设计 / 设计师王镇

❶现在的厨房好像穿制服一样，大家不是饰面门片就是三聚氰胺板，十家有九家都长得差不多。但王镇家的厨具门片可是用镀锌钢板搭不锈钢台面，耐看、实用又有个人风格！❷台面下做了活动式橱柜，日后搬家可拉出来跟着走。❸抽油烟机的风管要如何藏？王镇在上方设计了个 L 形的黑色木框，遮住风管与出口。

这个超酷厨房是怎么做的？

橱柜是用细木工板做柜体，但表材采用镀锌铁板，这个橱柜长约1m，加一个不锈钢台面，下方柜子，约六千元。

陶制的洗水槽是在宜家买的，请木工师傅配合水槽做成 260cm 宽下橱柜，含水槽，不含三机，这整组橱柜花了不到 1 万元。

王镇认为，不做上柜改做搁板更好用，也让空间看起来更清爽。

板式家具
全解析

价格和板材比一比

System Furniture

"板式柜与木工柜相比，到底哪个性价比高啊？"这个问题也是姥姥博客上新手装修的必提问题。

我先来说结论好了。

板式柜材质上没有木工柜勇壮，防潮力与强度也没有木工柜好，那姥姥为什么介绍它呢？

板式柜的最大优点，除了比较平价以外，整体施工的甲醛释放量也比较低，对健康较好，使用 E0 等级的几近零甲醛板材，价格仍在一般人的消费力以内。表面也不用像木工柜还要上漆，可再省一笔油漆费。

再来，蛀虫比较不喜欢它，板式柜也不必在现场施工，家里不会木屑粉尘到处飞，干净。灰尘在家里可清除，吸到肺里可清不了，又一个对健康好；再再来，三聚氰胺板表面好清洁又不易刮伤，不管是家庭主妇或职业妇女，您都可以有更多时间翘着二郎腿到姥姥网站上闲逛聊天、交换婆妈装修经。

（宜家提供）

板式柜与木工柜哪个好？
4大面向剖析板材优缺点

Part 5
1

为了介绍板式家具，姥姥从有名的品牌逛到没名的品牌，从通路商问到板材商，从北跑到南，跑得腿都快断了，可惜没瘦下半公斤，哈！

板式家具业界与灯泡界有拼，除了江湖上的九大门派，还有上百家较不为人知的小门小派。但与灯泡界不同的是，这些教派小虽小，武功可不一定比知名门派差。只是，为了做生意，不管哪一派，难免有些不良厂商嘴上功夫比手脚功夫强，可以把黑的讲成白的，后头我会再来分析。

板式家具的材质

板式家具本身是好东西，基本的板材是刨花板（Particle Board），是将木头打成碎块后，经高压高温压制而成，上头再贴合三聚氰胺板。

刨花板是将无法利用的木头边材或回收的木头再利用，立意环保，而且可以制作出"比木合板更便宜"的木板材，降低成本。更厉害的是，还是低甲醛。这不管是对地球，对整个家具产业、对消费者，都是一级棒的产品。再加上板式家具是"固定尺寸"、由工厂系统化"量产"，有点经济学知识的都知道，生产成本比"客制尺寸"与手工制作的便宜许多。

但板式家具是否就完全无敌呢？也不是的，与木工柜采用的细木工板一比各有千秋。

谈抗压强度

细木工板＞刨花板

前面讲过了，刨花板是压碎的木碎块，细木工板是由小块但完整的木块组合，台湾大学森林系王松永教授表示，细木工板强度较好。因为刨花板的底材是碎木块，孔隙多，强度较差。而木心板是小木块组成，木块的结构力比木屑好，所以螺丝保持力与承重力、抗弯强度等都相对较佳。

比甲醛量

刨花板＝细木工板

根据国家标准，胶合板的甲醛释

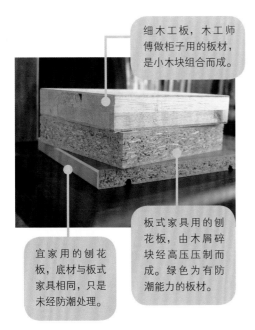

细木工板，木工师傅做柜子用的板材，是小木块组合而成。

板式家具用的刨花板，由木屑碎块经高压压制而成。绿色为有防潮能力的板材。

宜家用的刨花板，底材与板式家具相同，只是未经防潮处理。

放量有三个等级：E2（≤ 5.0mg/L）、E1（≤ 1.5mg/L）、E0（≤ 0.5mg/L）。那不管是刨花板或细木工板，两者皆有 E0 等级的板料，但价格上，刨花板较便宜。

甲醛会致癌，是比较可怕的挥发性化合物。为何姥姥说它可怕？因为它可在室温下挥发，而且一散发就是 10~30 年，直到完全散发完为止。姥姥在北京演讲时，曾有读者发问，是不是新家装修好后，关起门窗两三天，再开窗通风，就能让甲醛散发掉。

当然不是。

甲醛只要存在，室温 19 度、湿度 60% 就会挥发。市面上消灭甲醛的产品都不敢保证有用，所以对付甲醛最好的方法，是在一开始就选用低甲醛产品，至少是 E1，有预算就选 E0。

谈虫蛀率

细木工板＞刨花板

先说明一下，蛀虫分为两种，一种是原生种，也就是虫卵就在板料里，刨花板在制程中经过碎裂木头加上高温高压，板材里的虫卵都同步投胎转世了；内部犯虫率几近于零。而细木工板仍是原木块，所以犯虫率会高一点。

第二种蛀虫则是"外来蚁患"，这个就是无法防范的。若你家很湿很

比较防潮力，专家认为板式柜的板材还是略逊细木工板。但只要通过国内检验，吸水厚度膨胀率在 12% 以下就可以了！

温暖，又刚好有一公一母的白蚁决定在你家厮守一世，那不管刨花板或细木工板都有可能被虫虫家族又啃又咬。

谈防潮力

细木工板＞刨花板

姥姥一向爱做实验，我将细木工板、刨花板，再加进宜家的搁板，一起做泡水测试。

唉，我每回做实验都做出吓到自己又会得罪人的答案。之前每家板式商都说刨花板是防潮板，但泡水后的变形率却比细木工板大。当然我知道防潮跟防水是两回事，不能把板材拿去泡水，但我一直傻傻地以为板式家具比木工柜耐潮，现在看来并不是这么一回事。

我知道这种小实验是幼儿园等级的扮家家酒，不能下什么评断，但我一看到结果就去请教专家。台湾大学森林系王松永教授表示，当然是细木工板防潮力较好。因为刨花板孔隙多比较能吸水，耐潮力也较差。我也调了 CNS 标准的测试数据，刨花板吸水厚度膨胀率测试结果多在 9%。

姥姥的装修进修所

■各式板材泡水 24 小时后实验结果

	泡水前厚度 cm	泡水 24H 后	膨胀率
细木工板（柳桉木）	17.5	17.6	0.57%
细木工板（马六甲）	17.5	18.2	4%
密度板	18.5	20.4	10.2%
刨花板（无封边）	18.5	20.5	10.8%
刨花板（有封边）	18.8	18.8	0.00%
宜家刨花板（无封边）	16.7	20.3	21.5%
红胶夹板	18.0	18.3	1.7%

不易变形。

防水能力一流，泡一天也几乎没膨胀。

注：以上数据只能参考，因实验条件未统一，且防潮与防水是两回事，根据使用者经验，若在一般非潮湿地区，连宜家的板材都不易受潮。

像这样把板材浸水 24 小时后，用游标尺量泡水前后的厚度差别。

刨花板的膨胀程度比细木工板厉害。

❶密度板（左）是由比刨花板的碎木块更细的木纤维高压压制而成，板材更平整结实。❷这是有封边的刨花板，防潮力佳，泡水后几乎没变形。

　　不过大家看厂家提供的测试数据时，要存个心眼。一个 18mm 厚、50mm×50mm 大小的样品比较低，不代表一货柜 500m³ 的板材都是一样的结果。姥姥能理解，在商业模式下，总是会挑最完美的产品展示，但这不代表最后从仓库出货到你家的也是那么完美。

　　另外，测试报告的数据可信度也是可讨论的议题。我不是要怀疑皇后的贞操，但也看过"理论上应不会存在的数据"。是这样的，某家商家板料吸水厚度膨胀率是 0.4%，是姥姥看过最低的。我后来去问 CNS 标准局与大学教授，大家都说这是"极端罕见"的数据，这个就尽在不言中吧！

　　不过板材的封边好坏，对防潮力的影响也很大。大部分刨花板受潮是因封边不佳。姥姥的一位朋友家，就发生橱柜封边掉下来后，板材变形的

状况。在前面提过的板材泡水实验中，我后来又调来封边板试试，果然膨胀率很低，低到游标尺都量不出来，可见好的封边是让板材吸水率大幅降低的关键。

封边好，门片不变形

　　封边对板式柜门片也很重要，以上文章我们讨论的都是柜子的身体，但柜子的门片材质就不限刨花板了。常见的材质还有中密度纤维板（MDF）或实木。

　　实木的防潮力没问题，但中密度纤维板就很弱了。中密度纤维板是用木头纤维经高温高压压制而成，防潮力比刨花板更不好，容易使门片变形或关不起来，但若有好的封边，一样不必怕。

**姥姥的
装修进修所**

封边是什么?

　　板材因尺寸的不同总要裁切,裁切后就要重新"封边"。好的封边就能不让水气进入,让板材不易变形。封边又分 ABS 封边与 PVC 封边,板式柜门片多是用 ABS 封边,搁板则用 PVC 封边。厚薄只与美观以及触感有关,厚封边好看,摸起来触感也佳。要注意的是,品质较差的封边条,塑化剂的含量会较高。

板式柜的门片多为 ABS 封边,搁板则是 PVC 封边。

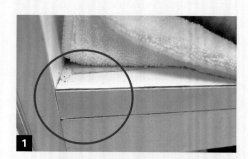

板式柜的板材在你看不到的地方都是没封边的,例如背板的组装沟槽❸,还有在现场裁切的水电管线开口❹。

姥姥朋友家的橱柜,从封边缝的"粗线条❶",可看出厂商封边技术不是很好。其中一条封边条就整条掉下来❷,去西方极乐世界了。

选购时，要注意的事
施工工法，合页品牌都要问清楚

板式家具在选购，除了之前提的板料等级以外，施工工法也很重要，还有哪些要注意呢？

谈五金

板式家具的合页、阻尼导轨等五金最好选知名品牌，如奥地利百隆（Blum）、意大利萨郦奇（Salice）、德制海蒂诗（Hettich）等，我曾见过"听都没听过的品牌"，五金质量差很大，指定品牌仍是上策。

做收纳柜时，要注意三节导轨可不可以全拉出来，有的拉到底还剩一小部分空间卡在柜里，拿取东西会有点不方便。

有的门片会装俗称"拍门器"的小零件。这是一种按下门片就会自动跳开的五金，也叫按压式弹跳门碰、反弹式开门器、隐形门碰珠。拍门器是利用弹簧或磁吸的原理，选择"磁吸式"的比较耐用。

但是从姥姥测试卖场的拍门器与众多受访者的经验来看，这种五金不太可靠，故障率不低，且商家多不提供保修，用久还要调整螺丝，不然会跳不起来或关不起来。

木工柜因是订制，拉篮通常含在报价中，可选钢丝较粗的（左），承重力好较耐用。右边的拉篮就较细。

怎么判断板式柜的施工质量?

外观>>看柜体做工

若柜体高度至天花板,接缝处就要以硅利康封边。柜体与地板及墙壁的收边亦同。

可顺道看看这位设计师配色的功力,这很重要,不会配色的会弄得很土。

背板至少要用厚 8mm 以上的刨花板(18mm 厚的更好),才可以不做支撑背拉杆;部分商家会用非常薄、不到 4mm 的背板,若没有加背拉杆,衣柜会不稳、容易摇。

门缝大小一致。

把手高度在同一直线上。

有时地面会不平,安装柜体时要重新找平。

内装>>看五金品牌及细节

看一下铰链的品牌,是否与商家说的相同。

这是螺丝没锁好的样子,若是这种施工质量,就最好再换一家看看。

打开门片,看看柜体四角衔接处是否平整,以及固定柜体的 KD 或螺丝是否有锁好。

桶身与桶身相接处,理论上要看到两片侧板的厚度。有的商家会偷料,只用一片侧板。

板式柜虽是工厂制，但安装功夫的确有高下。（尤哒唯设计）

谈保修

我原本以为有品牌的或者价格贵的商家保修期会较长，所以开价较高，但事实并非如此。因此，保修期多久，还是得问清楚。一般板料都有 10 年保修，只要变形、受潮，可免费更换。

五金多是只保修"结构式五金"，也就是合页与导轨。其他五金配件，像拉篮，有的只保修 1 年。

"那些二线或没有知名度的公司，保修期比公司的年龄还长，你怎知他们不会倒，到时你家板材坏了都没人维修！"这是某家设计师的说法。

表面上似乎言之有理，但仔细想一下，我们现在是拿木工柜来当比较基础。一个柜子卖 1 万的保修 1 年，那卖 5000 的你会希望保修多久？当对方说至少 5 年时，你会不会觉得赚到？另外许多板式家具厂商虽然名气不大，但也经营了许多年。大家可上官方网站查询公司成立时间。好玩的是，有商家说："我们是 20 年老店。"我一查，他们公司才登记 3 年，这种会自动增加年纪的说法也很常见，但能超过 5 年不倒的，多少有点底子。

谈合同

如果你觉得以上辨别板料好坏方法太麻烦，而且说实在的，你也看不出来到底送到你家的货有没有被调包，还有一招，是律师 H 君教的，在报价单或收据上注明，"保证所提供／使用之板材均为 XX 品牌，若有未相符之情事，愿赔偿 10 倍价格之违约金。"我想应该没有商家愿为个 4000 元的柜子就冒打官司的险，但记得要好好保存报价单啊！

设计能力决胜负
多参考海外知名设计案

Part 5
3

全球的建材发展都在努力寻找更便宜的替代品，但又不能牺牲质量与美感。这大概也是最令人激赏的商业行为，各位聪明的消费者一定要善用这一点。基本上，板式家具就是这样的产品。

不过面对上百家板式家具通路商，到底选哪一家好？我觉得第一可看保修期，愈长的愈好。第二，要看设计师的配色能力。

之前跟大家讨论那么多板材的物理特性，其实是希望大家别浪费时间在板材上，我认为防潮力与强度等都是其次，重要的是"如何能善用配色搭得好看"，因为许多商家工程方面是专业，但一谈到设计美感，就不够

国外品牌网站上有许多参考情境图，搭配组合的方式有多种变化，颇好看，可多花时间去逛逛。（龙疆提供）

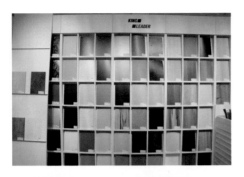

房间衣柜常会做跳色处理，但能不能不要这么土？这种平面单色的色块看起来很塑料，最好搭配木纹板，反正都不加钱，但会好看许多。

通路商展示的花色板数量不一，大部分都是较普通或没什么层次变化的色板。以木纹板为例，我要求看有深浅压纹的，各通路商只能提供 2～4 块，但在板材代理商那里，却可看到多出一倍数量的选择。

到位，所以一定要多参考专业设计师的作品，不然省钱省到最后，却换来"很俗"的感觉，会很崩溃。

说实在话，姥姥原本并不太喜欢板式柜的色调，总觉得那色调花色都有点假（这是因为姥姥眼睛有问题，

绝不是对各店家的品位有什么不敬的想法，别想太多）。尤其是单色板质感实在太像塑胶，木纹板的线条又平又呆板僵直，一副怕人家不知是人造的样子。

不过，后来我看到奥地利板材爱格（EGGER），那些仿实木纹的花色做得真厉害，板料表面有凹凸压纹，压纹还与木纹重叠，让我大开眼界！而且经消光处理（我个人实在不喜欢那种光滑闪光的调调），木纹变化中还加入裂痕与仿旧处理（我喜欢旧旧的），木纹直中有弯，在山形纹中夹带一两个树节，这质感与触感都实在

板式柜也能超有质感。奥地利品牌 EGGER 板材的木纹较自然，还有深浅层次变化，可改变你对板式柜呆板配色的印象。（威佐公司提供）

是很好。若用板式柜的价格能买到这种板材，性价比真的颇高。

国内不少品牌现在做出的花色也不输爱格，只是在通路商那里，不一定会看得到。这一是因为通路商终究地方有限，二则是也想用便宜一点的板子，造成大部分都是平面的木纹，没有浮雕或像手刮板的纹路。

上板材商网站找花色

好啦，当我们去逛厂家，店员就只拿 ABC 给我们挑时，我们有什么办法看到藏在别处的 DEF 呢？

目前唯一的方法是找板材代理商的网站，里头有列出旗下所有花色，你若看到喜欢的，可以记下产品编号，再去找通路商看实品。除了姥姥很推荐的高仿真实木木纹板外，各品牌的石纹板质感也很好，有仿天然石纹、也有仿锈砖纹，只能说，这些研发人员实在太令人敬佩了。

不过网络上看到的花样难免与现实有些落差，且不是每个花色都有完整、大面积的展示。我自己跑了一圈通路商后，发现超过八成的店里能大面积展示的只有一两款热卖品，其余"花色盘"只有一块块 20cm×20cm 或 20cm×30cm 的样板，这种样板与整片墙贴出来的模样差异之大，很可能让貂蝉当场变母猪！所以若真的没展示品可看，记得拿出你买新衣的精神，打破砂锅问问有没有实景照片，总好过只看花色盘样品。

简单的配色，就能配出极佳的质感。（VIPP 提供）

宜家的美丽与哀愁
姥姥带你购物，不买地雷货

宜家在网上评价两极化，有人说"便宜没好货"，也有人觉得"便宜一样有好货"，啊，还有第三种，"谁说它便宜？"价格便不便宜，这与每个人的人生际遇有关。若你偏好逛社区家具行，会觉得宜家真贵，一张双人沙发，天啊！竟要1500元！若你常去逛进口家具店，会觉得宜家根本是便宜货，一张双人沙发，天啊！只要1500元！

姥姥常逛家具店，就先容我把宜家定位在相对便宜的地带。宜家的确不是每样东西都既便宜又好，也有3个月就生锈的不锈钢垃圾筒。

但宜家终究是很大的跨国企业，创办人坎普拉德（Ingvar Kamprad）还曾是全球首富，重点是这位老板很会向上游供应商砍价（这不是我说的，是曾在宜家工作20年的约翰·斯特内博说的，他还写了一本书叫《宜家真

Billy书柜在宜家的收纳柜类商品中，拿下全球销量第一。价格非常亲民，但搁板要选40cm的，承重力较佳。（宜家提供）

相》），因此他们家仍有部分产品便宜又大碗，在不算贵的价格中可以选到不错的设计。

采购规模大 压低总成本

宜家的设计格调是有的，但也不是样样好。宜家的"非典型症候群"包括搁板会下陷、拉篮会变形、柜子会摇、不耐潮、门片会晃又关不紧等，所以知道如何避雷是必要的。但只要会挑，我认为宜家还是性价比颇高的选择。

不过我这篇文章先探讨板式柜的板材材质特性，不论家具。 首先来看看宜家板材大家最在乎的两件事：耐重力与防潮力。

论板材

谈耐重力

宜家的板式柜板材，姥姥这次看了毕利（Billy）书柜、帕克思（PAX）衣柜与法克图（FAKTUM）橱柜。 按照宜家的产品目录及网站上写的，柜体与搁板多是使用刨花板，背板则是密度板。

Point 1 ｜搁板是刨花板，不是实木

刨花板就是小碎木块压合成的，上方再贴覆三聚氰胺板。依照板材进口商的讲法以及我查到的资料，宜家在欧洲是使用 P2 未经防潮处理的板子，并不会用到 P3 防潮板。

P2 板 18mm 厚的抗弯强度在 $13N/mm^2$ 以下，比 P3 的 $14N/mm^2$ 差，当然更比不上细木工板。

另外毕利书柜的介绍卡上说板材是"实木贴皮"，是表面贴了一层"实木皮"，有些网友会误会成是实木板材，其实不是的哟！

Point 2 ｜ 45cm 的层格，抗陷力最强

宜家最常出现板材耐重不足而下陷弯曲的，是毕利书柜，不少网友都在网上晒过照片；只是毕利书柜真的很便宜，依姥姥开的规格与其他板式家具品牌相比，单价可少一半以上，这么便宜的板式柜哪里找啊？

但是搁板会下陷怎么办？ 还好，这可避免——买层格跨距在 45cm 以

宜家柜体使用的板材，都是刨花板。

宜家的柜子单价平实，特别是玻璃门片，性价比高。（宜家提供）

内、搁板厚 18mm 的书柜即可。基本上，层格宽度小，支撑力就大。姥姥也实地看过几个案例，不少受访者都是宜家的爱好者，若买 45cm 以内的柜子，就算是放书，几年后也好好的。但若你还是要买层格宽 60cm 以上的，而且是放比较重的书籍等物品，姥姥就不敢保证板子不会弯腰啦！

Point 3 ｜镶玻璃门片与移门衣柜，性价比最高

宜家的玻璃门片也很超值。玻璃属于比较贵的建材，若要请木工师傅做玻璃门片，价格又会到一个比"站

在那人面前他却不知你爱他"更遥远的距离。

姥姥推估是因宜家全球采购的关系，玻璃门片对它而言是小事一件。附玻璃的毕利柜，价格换算下来也只有其他板式家具的一半，性价比算高的。

移门衣柜的性价比也高。以我列的宽 210cm、高 240cm 的规格来看，宜家最便宜的柜体，又以别的品牌的半价胜出。

帕克思的柜体品质不必太担心，包括柜框、门板、铰链、抽屉、挂衣

杆等，连移门轨道组都有 10 年保修。有商家会说宜家的移门五金不好才那么便宜，但姥姥觉得只要门片开关不会卡住就堪用了。而且若真的坏了，宜家也会负责换新。一个 3000 元不到的柜子用个 10 年，应该很够本了吧！

Point 4 ┃橱柜白色乡村门片富设计感

在板式橱柜的比价战中，宜家并没有想象中的便宜，只有选白色乡村风门片史达特（STÅT）系列，才比别家便宜，其他的门片就不一定了。

估价的过程中，我发现一个怪现象：宜家实际估价通常会比产品目录上的数字高。以史达特为例，宜家简易目录上写，一字形 220cm 价格含安装及运费是 1 万元。但我请宜家店员帮忙规划 210cm 的厨房（照我开的规格），却要 1.2 万元。

为什么我的尺寸比产品目录上的小，价格却多了 2000 元？

拉手、踢脚板的款式不同会有价差，但差距不大。差比较大的是产品目录上整套都是门片搁板组，只有 1 个抽屉，但我要 3 个抽屉，一差就是 720 元；另外因柜体的侧板颜色与门片有色差，为求完美，他们会主动加配柜体盖板给你，壁柜盖板与底柜盖板共 2 片要 240 元。

还有我选的水槽、水龙头等级也不同，这样林林总总加起来就会比产

与其他板式家具的移门衣柜相比，宜家的价格实在太可口，又有 10 年保修。（宜家提供）

品目录上的价格多 2000 元。

我又换了白色调的哈利格（HÄRLIG）门片，与洛哈默（ROCKHAMMAR）门片来估价，照姥姥开的规格加运费之后，二线板式商家反而更便宜。

所以宜家橱柜中性价比较高的，是白色乡村风的门片。但因产品目录与实际会有高达 2000 元的差距，最保险的做法还是请宜家照你要的规格，重新报价，再来比比看。

谈防潮力

谈到防潮力，姥姥最在乎的是橱柜。因为未经防潮处理的 P2 板材根本谈不上防潮力，这个等级的板料是被设计用在气候干燥的地方，在欧盟标准中连 24 小时浸泡吸水厚度膨胀率都不用测试。所以我相当好奇，当欧洲的 P2 板到了海岛型潮湿气候的地方，到底撑不撑得下去？当然若您是在干燥的华北区，也请不必看这段了。

白色线板门片的史达特系列，是宜家的热卖产品。（宜家提供）

把要收纳的锅碗盆列一清单，好好规划要放在哪个抽屉。这样不只好拿好用，光是看也赏心悦目。（宜家提供）

橱柜专用拉篮支条数量虽少一点，但够粗壮，也提供保修。

我刚好遇到两位受访者有用宜家的法克图（FAKTUM）橱柜，一是普通消费者 Lillian，另一是江设计师。目前为止，前者已使用 5 年，住在半山腰、下雨概率高，家里常 24 小时开着除湿机，但不常开伙；后者选了史达特系列线板门片，用了 3 年，一周开伙 3 天左右。

他们两位对宜家橱柜的评价目前都还不错，姥姥也分别在他们家中检查橱柜的状态，目前并没有发霉或变形。

Point 1｜封边若做好，橱柜不变形

姥姥之前曾讨论板材的防潮力，"封边的品质与使用者习惯才是决定板材会不会受潮的主因"，以此来看，宜家橱柜虽非防潮板，但重点是要观察封边是否 OK，若封得好，就不易受潮。

宜家的橱柜亦提供长达 10 年的柜体保修（不过要注意，柜体要全套购

宜家橱柜产品目录与现实配备价差可达 2000 元以上，要请店员计价才准。图为洛哈默面板橱柜。（宜家提供）

买才能享有保修，若是只买单柜或门片的，就不负责！）简言之，你家如果不是天天开伙，是可以试试看的。但如果你家天天煮饭，洗菜切菜时流理台免不了天天碰水、积水，或者是住在很潮湿的山上，家里又没有除湿的习惯，姥姥就不敢说 P2 的板子能 10 年常保"青春"，你还是去找细木工板做的橱柜比较安心！

Point 2 ｜收纳柜背板，最容易受潮

再来谈板式书柜及衣柜。宜家收纳柜的罩门在背板，因为背板是采用密度板，密度板是由木纤维经高压制成，最怕潮；若住在较潮湿的地方，背板很容易发霉或变形。

以姥姥家为例，宜家的 CD 柜背板已经有点受潮，且因为板材后面全没有封边，有点膨起，还有碎屑掉下来。但说实在的，这一个不到 200 元的柜子已用了 5 年，我觉得也够本了。重点是

这是我家的宜家柜子。从背面近照可看到密度板的背板已受潮，且板材未封边的部分有碎裂；但是这个使用 5 年的柜子，仍在我家当书柜待得好好的。

背板虽然受潮了，但我放书的搁板与柜体并没有下陷或垮掉，我想我应该会继续用到它鞠躬尽瘁的那一天，而"那一天"目前看来似乎不会太快到来。

谈锁合力

宜家柜子结构与搁板都是用刨花板，内聚强度不太好，也就是螺丝锁固力不强，任何五金配件如螺丝要固定时，记得"一次锁好"。不能锁了又拔起来，在同一个地方再锁一次，这样会锁不紧，柜体就会摇。

搬家时，也最好不要真的拆开来搬运，这螺丝一卸下来，要再锁回去就不稳了。还是整个搬，比较保险。

许多网友说帕克思衣柜会摇来摇去的，这多是组装不好造成的。若对自己的功力没信心，也可以花点钱请宜家的人帮忙安装。

宜家拉篮虽是钢制，但支条较细，又没保修，建议宽度不要超过50cm较保险，或者可加点钱选木抽屉。（宜家提供）

Point 1 | 衣柜拉篮不如木抽屉耐用

如果长度超过50cm，就选用木抽屉，因为承重力较好，也有10年保修。以100cm宽的拉篮与抽屉比，拉篮70元，抽屉250元，若买4个抽屉价差720元，但有10年保修，我觉得是值得投资的。

记得消费的铁律：当你不懂材质时，愈便宜的东西就选保修期愈长的！

Point 2 | 橱柜沥水槽太浅不好用

宜家的水槽有两个缺点。第一，几位屋主都说："沥水孔太浅，不好用。"宜家水槽是欧规，沥水孔较浅，中式料理饭菜残渣多，沥水孔常会塞住不易泄水，要常清理。

第二个缺点是宜家橱柜维修案中多是"排水管漏水"，虽然我遇到的个案都没这问题，但这个信息也供大家参考。

宜家的排水孔太浅（左图），较易积饭菜残渣。本地制水槽的沥水孔较深（右图）。

论保修

宜家对板式家具的保修期都蛮长的，衣柜与橱柜都长达10年，包括帕克思衣柜木抽屉，所以若在正常使用的情况下变形了，宜家也会换新的给你。不过，展示柜或书柜、电视柜全部都没有保修。以前部分系列还有保

宜家的柜子，在相对低价中提供了堪用的品质与简洁耐看的造型。（宜家提供）

修的，但后来也都取消了（谜之音：这是不是代表柜体不是很耐用啊？）。衣柜与橱柜也不是全部东西都有保修，结构式五金如铰链有 10 年，但有的产品的拉篮或外挂五金保修期只有 1 年或不保修，购买前一定要细看保修内容。

不过，买宜家的东西要有个概念：价格便宜时，很难去要求用料的等级。我在查全球资料时，很多网友（国内外都有）会说宜家品质有多烂。

先不论事实如何，我们从经济学理论出发，绝不是东西便宜，就能变成全世界最大的家具制造兼通路商。难不成你认为北欧人都是笨蛋？还是瑞典人不龟毛？全世界就宜家一家公司，没别家跟它竞争？

宜家能胜出就是相对低的价格，但给了还可以的品质，与相对不错的设计感。

所以若希望买家具来当传家之宝，那宜家不太适合你；但若喜欢简洁风，预算又不高，精打细算认真选，就能闪过地雷、避免自己成为"宜家非典型症候群"的重症患者。

注：宜家的保修年限与产品价格会调整，以官网及产品目录上的为准。

Part 6

这些，
也都可以不要做

有气质的素颜，胜过乱花钱的浓妆

Optional

美国有个不务正业一天到晚创业的怪咖：克里斯·吉尔博（Chirs Guillebeau）。他的成名之作《不服从的创新》（*The Art of Non-Conformity*）中有段话也很适用在家居装修：

"如果你无法决定自己该过怎样的生活，那么最后会有其他人决定你的命运。"其他人就是指设计师、施工队师傅、出头期款的爸妈、特爱写软文的媒体。

若身为屋主的你无法有自知自见，在颇专业的装修过程中，被牵着鼻子走的概率有九成。

当然，不要误会，姥姥不是要大家真的什么都不做，而是要去想：为什么要做？这工程跟我、跟家人有什么相关？而不是别人家都做，我家也要有。除了前面说过的顶棚、地板、柜子，再来看看有什么可以不要做的。当然，若预算够或有个人理由，要做也还是有把钱花得更有效率的方法。

（尤哒唯设计提供）

不做装饰木工电视墙
小资气质提升术

电视墙是空间的视觉焦点，设计得好与不好，对一个家的格调影响甚大，偏偏预算少的人通常请不起昂贵的设计师，只能找施工队长本着传统做法来施工。再强调一次，姥姥并不是说传统的装饰墙一定不好，但如果屋主自己缺乏美学概念，电视墙就比其他项目更容易变成一场灾难！

电视墙的设计有两种，一是做电视柜，一是纯做装饰。前者还具备实用收纳功能，要做整面墙姥姥都没意见。但后者，就值得讨论了。

没钱，还做什么"不实用又俗气"的装饰？这句话一说，有不少人都会点头，但请随便去翻一下"100大设计师年鉴"，这种大头书里正有许多又昂贵又不美，让人忍不住皱眉头的案例。说穿了，这种书是设计师有钱就可以买版面。常可看到框金又包银的电视墙，中间一个仿照壁炉的金框放电视，外头再来一个银框，整个土豪到不行！文字介绍还说明这叫古典贵族风。

但姥姥也知道，有时做或不做真不是屋主能决定的。我朋友小慧请的是木工师傅当施工队长，因为预算很紧，原本没有打算做电视墙，但经不起队长一再游说：

"不做电视墙整体空间好像没做装修一样。"

"你钱都花那么多了，还像没做装修，会给别人笑没质感。"

"你没一次做起来日后一定会后悔。"

"这样啦，柜子我都做了，电视墙半做半送，原本要1万的算你5000就好，反正我人都在这里了，算你便宜点。"

就这样，小慧做了一片贴木皮加大框的电视墙。为什么一定要贴木皮？因为这样不只木工工程有钱赚，后头还有油漆工程可再赚一笔呢！是啊，反正木工师傅都已在做柜子了，多个电视墙又有进账多好！但小慧住进去半年就后悔了，美不美是其次，为了收纳电视与音响设备，她还得再花钱买电视柜摆在前头挡着。

这发生在身边的真人真事，告诉我们的血泪教训就是：没钱、没有美学天份的，少做装修会比多做好，还是把钱留下来吧！

姥姥家的电视墙进化史

教大家省钱，不代表我们对家的梦想就置之一旁，而是要以时间换空间。预算有限时能做的或买的东西，通常都没什么质感。所以先凑合着用，不必用太好的（但用太丑的，每天看心情也不好）。

姥姥年轻时刚买房子，没钱做电视柜，也没钱买好一点的电视柜，就去大卖场买了个便宜的密度板贴塑胶皮的柜子。

说实在话，每天一进门闻到那塑胶味，总觉得委屈自己了；那时的姥姥还没修炼成天山童姥，是只恐龙妹，对家居装修的一切都还在史前时代的无知状态。

后来仍然没钱，哈哈，但是长了点知识，我用不到 200 元，买了几块水泥砖与实木搁板，架起一个电视柜。虽然看得出是临时建物，但至少有"潮感"。其实到现在，水泥砖加实木搁板仍是我常用的道具。

再后来手头比较宽裕了，我家打造了一座系统家具电视柜。那是灾难的开始，花了 6000 大洋。我家客厅面宽就只有 3m，一整面 40cm 深的系统墙，真的很有压迫感。但做都做了，也只有认了。

这个经验是想跟大家分享，为什么装修宁可少做、不要多做。这么说吧，衣服、手表与男人，都可以买了以后，不喜欢就说声 bye-bye 回收或送人，但装修做的柜子或一道墙，可是会一直待在你家，你就算再看不顺眼也得将就。

因为没钱拆除，更没钱买新的。天天你看我我看你，心情就不太好。

但也别太担心，我们都会老，老的唯一好处是钱也会变多。姥姥在 5 年后，终于手头宽裕了，还真的就去买了一个跟整面电视柜差不多价钱的美西侧柏实木电视柜，开心是很开心，但你看，我还得再花几千元请人来拆掉旧电视柜。

人生很长，有的人就是要等到风景都看透，才能陪你看细水长流；装修也是的，别急着把一切都一次做好，有的东西就是要等段日子，才能陪你一辈子。

小气电视墙
设计师爱用的 4 种气质设计

Part 6
2

不做木工装饰、不贴木皮的电视墙还可以怎么做才好看呢？以下为专家达人们的经验谈。

第 1 招　善用油漆

不少设计师都跟我这么说，像王镇自宅的电视墙，就是简单搁板加上色彩的好模范，小小的花费即可让整个空间活起来！

油漆上色，是最经济实惠的方式。好处是就算配色失败，只要再花个 100 元买桶油漆，再加一个阳光灿烂的好天气，主墙的面貌就可再度改头换面，东施变西施。

第 2 招　素颜最美

其实想不到要做什么的，就干脆留面干净的墙，只要做收纳影音设备的最低量体电视矮柜，可以用木工的，也可沿用家里旧柜子，又省一笔费用。

第 3 招　保留砖墙

主墙设计除了用涂料上色之外，另一个常见的是裸露原始壁材，如砖墙或水泥墙基底。不过真的砌面砖墙太贵，功能若只有纯装饰，既不环保又会增加建筑重量，怎么看都不是我们这种两袖清风的文人雅士会做的选择。

所以这种方式最适合用在"电视墙本身就是砖墙"的情况下。可请拆除师傅把表面油漆层剥除。但要小心

利用色彩，带出空间的个性。（集集设计）

现在最常见的是留白电视墙，只有最低限度的电视柜平台。用一块实木板，再加柜脚，也很好看。（PMK 设计）

拆砖墙时小心拆，把表面水泥层刮除后❶，再漆上白漆，就能变成美丽的白砖墙❷。

拆，保留原砖墙的砖面。

喜欢红砖墙的，可以上透明漆，喜欢白砖墙的，可上白漆，就很有乡村风的感觉。

上漆也分两派，一种是好好的全漆成白色，一种是很随意的乱漆，不一定要把红砖的红色全盖掉，各有各的风味。

若主墙不是砖墙怎么办？还有个省钱招：贴砖墙壁纸。

在估算用料量时要注意，因为这种壁纸的宽度多是92cm，也就是若宽320cm的墙，320÷92=3.4，就得用4片壁纸。高度则多无限制，但要留损料，因为贴的时候要注意对花。第1片贴好后，第2片要对缝，就会产生损料。通常240cm高的墙面，最好上下都预留15cm。

仿砖壁纸的逼真度有进步，纹路有立体感，不少设计师乐于采用，拍照或录影也很好看，几可乱真；不过我到现场看过，质感还是跟真的砖墙有段距离。

或许乍看觉得还不错，但看久了，就会觉得假；不过，美感这东西每个人都有不同的诠释，建议要看过实品，再下订单，以免后悔。

第4招　做收纳电视柜，但愈小愈好

姥姥讲个趋势：这几年，电视柜是愈做愈小。国外知名的家居杂志选中的个案，大部分只有底座的基台或矮柜，会做满整面墙的电视柜已较少见了。

当然这跟电视的尺寸有关。超大

若有收纳考量，可将收纳柜规划在电视墙旁，并设计成部分开放式柜体，就能让墙面看起来较轻盈。（力口建筑设计）

电视愈来愈便宜，60英寸屏幕将来总有一天会变成家家户户的必备品之一。所以电视柜最好不要做太满，以免日后没空间放大电视。

若有收纳的考量，想做整面电视墙，则要注意深度与要不要门片。若客厅不大，面宽在3.5m以下，建议柜体深度最好在30cm以下，也不要全附门片，可以部分做开放式设计，不然压迫感会太重。

重点笔记：

1. 太复杂又花钱的装饰电视墙，不如不做，以免拖垮全家的格调。

2. 油漆上色，是最简单又实惠的电视墙设计；或者只做最低限度的电视台面，保留干净的墙面也很好看。

3. 电视柜的趋势是愈做愈小，若做整面墙者要注意深度不要超过30cm，较不会有压迫感。

4. 记得设计电线管道槽，可让乱跑的电线化整为零。

姥姥的装修进修所

电线管道槽不可省略！

　　装饰电视墙可不做，但电线管道槽还是要做。现代影音设备多，壁挂电视、投影机、音响扩大机等，电线一堆，还是做个家给它们，它们才会乖乖待好，不会捣乱。

　　若有做木工电视柜者，可以将管道槽藏在后面；若只做下方的平台矮柜，但电视又挂得比较高，也可直接在水泥墙凿沟埋入管道槽。

　　另外最好在总开关箱中留一个专用的回路给影音设备区。好的电源质量可大大提高音响的好声程度，日后只要加装2万元的音响，就有4万元的音质哦。

有做木工电视柜的，可将电线槽设计在木工柜中。（尤哒唯设计）

若不做木工电视墙者，可直接在水泥墙中凿沟，放入塑料电线管即可。

木工电视柜的好处，是可以直接把影音设备的插座设计在柜体中。

暂时留白，会更好

5 项可以优先删预算的工程

不要窗帘

窗帘非做不可的理由有几个：一是隐私。与邻居太近，在家里做什么都会被看光光，甚至热得半死的夏天想少穿件衣服都得一再考虑——装吧！

另一理由是为遮阳，不装的话，晚上回到家，一开门迎接你的不是爱犬而是一团铺天盖地的热气，这也是让人超级受不了的——装吧！

其他的原因就多半是跟美化空间有关，但姥姥要劝你一句，装不装窗帘与空间美不美未必能画上等号。

姥姥第一次装修时也花了一笔钱做窗帘，5 年后全部拆光光，因为窗帘变成我家的超大型集尘器，我又懒得每个月送洗一次（这也很花钱啊），结果我儿小蹄一直哈啾哈啾过敏打喷嚏，只好拆了。

但没了窗帘后姥姥家也没变丑几分啊，因为窗帘并不是空间的关键决定元素。的确，窗帘会让空间看起来更美更温馨，但没有它，仍可以靠家具去支撑空间。所以不装窗帘可不可以，当然可以！

不要床头板

木工做床头板是近几年盛行的设计手法，不是采用主墙贴木皮装饰，就是直接把床头板包布包皮。但切记，当你的设计师估价估到这一条时，你要在心里默念：这绝不是必需品！这绝不是必需品！姥姥又要提出万年不变的理论：这玩意若你遇到 A 咖设计

做床头板不一定有加分效果，就省下这笔钱吧！

床头整面墙包布，会日积月累的招尘，这是无法拆洗的。你睡在下面，刚好当人体吸尘器。

实木皮用得好是可以为空间加分，但选料时要小心，图为梧桐木皮，已传出多起木皮变色或出现黑斑的问题。（网友 Ying 提供）

师，叫锦上添花；若遇到 C 咖设计师就可能是雪上加霜了，花了钱也没有好效果。

更何况，床头板包布还会招尘，又不能拆下来洗，每周拿吸尘器吸也麻烦，万一家里有调皮小孩拿笔给你画上一道彩虹，保证你清理清到欲哭无泪，何苦花钱找罪受？

少贴木皮装饰壁面或顶棚

现在常见电视墙用木皮做装饰，姥姥承认，有些设计师选的实木纹的确非常漂亮，能为空间品位加分不少。这种取自实木的木皮，与传统印刷的塑料木纹皮相比，不管是触感还是视觉感受都美上好几分。

姥姥在几年前第一次看到实木皮做电视墙的设计案时也大为惊艳。当年设计案贴木皮的区块多是面宽不到 3 米的电视墙或衣柜门片，面积不大。但随着媒体大量曝光，实木皮被乱用的例子也很多，我就常看到四面墙、走廊都贴木皮，甚至一路贴到顶棚上。

这到底美不美先不论，你必须先了解：木皮是怎么贴在墙上或顶棚上的呢？有的师傅会用到甲醛或甲苯量很高的黏着剂或强力胶。

我有次去网友 hana 家造访，她家都是采用 E1 低甲醛建材，但仍有一股强烈的刺鼻味，就是贴大面木皮使用的黏着剂产生的！

挥发性化合物在前 3 个月味道会渐渐散去，但残存量在未来 10~15 年会慢慢散逸在空气中，对大人影响还好，最多呼吸道不舒服而已，但对大脑尚未成熟的小朋友伤害就很大了，会影响脑部发育与呼吸道、皮肤等系统。所以家有小孩者，最好减少木皮的装饰工程，不然就要求用环保胶。

不丢旧家具、不丢旧门片

老桌老椅若结构还可以，重新上个漆，又是一条好汉。有的椅子可以变小几，搁板可以变鞋柜，家具的用法有很多，可帮他们想想可有第二春。

老屋装修时，房间门常是被拆除的项目之一。但若原本的门还好好的，只要前后贴新的木皮板，就可打造新的门片，而且价格还少一半。

另也可把旧门片做成桌子的桌板，与改造门片的做法一样，但单面贴木皮板就好。

这些装饰墙，不做也罢！

在这种复杂条纹的壁面下，能化好妆、看得下书或睡得好觉吗？

很俗的土豪式装饰板，没钱的小资一族千万别凑热闹。

不是叫墙壁的都要框金包银，贴一堆假木皮来表示自己高档。

❶为旧的门片，❷为贴上木皮板后染色上漆的新门片。费用可比新做木门再低些。

Chapter

2

要做什么？

——做好 5 件事，让钱花对地方

"不做什么"是减法的思维，让我们重新思考装修各工程的必要性。但想要住得舒适，绝不是怕花钱就什么都不做、盲目地一减再减，这个章节想说的就是"要做什么"。

姥姥觉得该做的事就是定格局、做好通风、采光与隔热，还有要留时间好好写报价单与签约。

若是预算充裕的人，可以找位设计师好好讨论，但我知很多手头有点紧的人是没办法请设计师的，姥姥年轻时也是这样，口袋的钱都给了房子，根本没什么预算装修，所以这个章节也是特别为跟姥姥一样的小资一族而写——当没有设计师可咨询时，如何自己来定格局、做通风采光与隔热？当然，还有如何看懂比爱因斯坦相对论还难的报价单！

Estimate

"姥姥，这问题有点急，我想改格局来不来得及？"

"姥姥，这问题有点急，明天水电就要撤场，我家总电量是50A够不够用啊？"

我的网站固定会请专家达人来回答装修的各式疑难杂症，以上是常见的留言。

看来许多网友都是没想好就开工，徒然花大钱又浪费时间。今天我们若只有辛辛苦苦攒下的 20 万要改造 100 平方米的房子，哪里受得了重做？更受不了后续的追加工程。

改格局，户型图要重画；水电多来一天，也要多付一天的钱，都是银子啊，所以请务必"想好八成再动手"，不要跟自己的钱过不去。

根据网友的提问，姥姥整理出最常被忽略、没有事先考虑好的项目。但好巧不巧，我发现刚好就是"报价单"上的必列项目。这件事又告诉我们什么人生大道理？就是这报价单与图样，才是少林寺的易筋经、丐帮的降龙十八掌秘笈、明教的乾坤大挪移，堪称省钱装修真正的关键。

（尤哒唯设计）

环境逼人　报价单乱开
开高价让你杀，开低价再偷工

在进行拆除前，拜托留 1~3 个月的时间好好规划。最好从你想买房子开始，就启动规划室内装修，想格局、看建材、考虑找设计师或施工队等。记得，想得愈清楚，能省下的银子就愈多。

先规划好报价单不仅可省钱，也让我们对预算分配有更通盘的考虑，例如不做顶棚是要把钱拿去改书房的格局，不做电视墙是要把钱拿去做水电，把每项工程做与不做的背后意义想清楚，这样才不会工程做到一半时，只因为设计师或施工队长跟你说电视墙一定要做，就茫茫然跟着做了。

问题报价单是谁造成的？

在开始本章之前，姥姥想先说两点：第一，请大家先别急着骂设计师灌水或施工队黑心。

第二，60 万以上的案子和 6 万的案子两相比较，前者被黑被坑的程度多很多！（真希望那些专黑豪宅案的设计公司都是罗宾汉开的）其实，设计公司会开出"你认为太贵"的报价单，姥姥觉得一大部分是大环境的问题，而且房主本身，往往是最大的问题核心。

有超过五成房主不想付设计费，超过九成一定会杀价，而且是不管三七二十一乱杀。

这两种行为会造成的结果：一、不付设计费，设计公司要靠什么活？当然就是从工程中赚回来。这又再次证明百年不败的真理：**不收费的最贵。**

有问题的报价单中，很多是不收设计费的，尤其是找地产商配合的样板房设计公司。并不是这种设计公司都不好，但有问题的不少，往往只会多做、不会少做，因为多做才有得赚，少做就只能喝西北风。

不过，我也能理解房主的另一个质疑：我付设计费后，设计公司就不会从工程费中偷工减料再赚一笔吗？的确，我也没办法给答案。

因为设计界就如人间，有黑有白。但我相信慢慢的，这些情形一定会有所改变。希望在姥姥公布地雷项目后，愈来愈少设计公司或施工队会再做这样的事！

上下交相猜　价格高高挂

谈回房主乱杀价，这更是装修设计永远的难题。房主多半是不懂工法和建材的"麻瓜"，比价只能从价格下手。

所以设计公司只好先提高价格，再让房主打个八折。毕竟十个房主有九个半（另外半个多半是哥们或亲戚，但装修后撕破脸的也不少）会杀价，设计公司若不让杀，就接不到案子。

更惨的是，有良心、预算开得实在的设计师无法砍太多，但另一家愿意大降价者，往往就是最后的胜利者。

还有更扯的事。若一家设计公司一开始不提高价格老实报价，后续又不能追加，工程期间变数多，非常有可能赔本做，就变成有良心的反而先倒，劣币驱逐良币，这是什么世界！

但房主也有其难处。以人性而言，都是习惯先看到报价单，房主才敢下决心要给哪家做。但户型图都还没定好、建材也没选好，甚至房主自己到底有多少预算都还没个概念，这阶段就要设计公司开报价单，一张连施工队师傅都还没去现场看过就开出的报价单，自然问题一堆、追加是迟早的事。

只是这也无法全怪房主，若不知这家设计公司估价多少，怎知会不会超过预算？而这个问题则牵扯到设计师的本事。

理论上，对，就是理论上，厉害的设计师应是在我们的预算内达到设计的功能。

也就是说，100万有100万的做法，但10万也有10万的做法，好设计师可以帮我们找到更省钱的建材或工法，来达成我们对家的期望。

当然，基本工程有一定的底价，手上只有10万想做100平方米的全套老屋翻新，这个愿望只有阿拉丁神灯能帮你。

没办法，这是装修行情，就像车市也有行情，若姥姥跟人说想用10万买辆法拉利，连小学生都会斜眼看我："阿姨，你还是多存点钱吧！"

但在装修设计界，理论和现实是两条并行线。你会发现，多数设计师只会委婉提醒你：

"X先生、X太太，您预算不足只能先做到这程度哦！"

会主动想点子帮你省钱的好设计师不是没有，但你多半碰不到！现在装修业比较像美容美发业，A设计师剪发300元，B设计师40元，我们无法找A去剪40元的头，更麻烦的是，你不知道A与B，哪一位才是剪40元等级的（因为价格不公开），这就造成房主一定得先看到报价单，才敢找设计公司或施工队。

先说好不砍价

所以，若你期待设计公司诚实地开估价单，姥姥也只能"期望"你一开始就跟设计师讲好："我不砍价，但会比价，请你务必好好估价。"

不过姥姥也无法保证这么做就天下太平了。因为设计界还太乱，不杀价的屋主遇到乱开价的设计公司概率还是有的。

有位房主 M 一家都是良善的人，不但寄给我报价单，还提供给我许多信息。他们并没有胡乱杀价，但报价单上仍被灌水了。

M 最后问我："为什么不知道的人就是被当肥羊，知道的人就必须风声鹤唳、草木皆兵，这样的消费环境真的让人很累。"

唉，现实的确如此，但看到这里，大家千万别灰心。姥姥知道，也有许许多多设计师、设计公会等组织正在建立制度，努力在自己的位置上做到最好，推广正确的装修知识。

真希望有一天，有个"设计师不必担心房主杀红眼"和"房主不必懂很多也不会被忽悠"的装修市场，这路是很长，但我们已经起步，相信终有一天会到达。

看懂报价单

灌水无所不在

看报价单真是门学问。姥姥在收集报价单的过程中，偶尔会看到如同火星文般的项目，有次打电话询问设计师，竟然连设计师也不知自己在写什么，那份报价单有多达 16 项"不存在的项目"！

为什么会这样？许多设计师的报价，会沿用自己任职过的前公司报价单；而旧估价方式可能是"没到过现场的施工队开出来的"，不然就是给你一个不算解释的解释："大家都这么开的"。施工队怎么报，设计公司就怎么再报给房主。有些施工队看设计师也不懂，就随意报，所以姥姥就收到一些有火星文的报价单。

对了，在开报价单之前（不是之后哦，之后就容易撕破脸了），请把此书转给您的设计师或施工队瞧瞧，请他们务必重新审视自己开出的报价单。

审视的重点又分三大类：第一是数量的灌水，第二是品牌被黑，第三是工法浑水摸鱼。例如平方米数、水电的回路口数乱算，或不管三七二十一，单位通通给你写"一式"。只要报价单上没写品牌，若有纠纷，你去跟法官哭也不一定有用。

我们接下来谈谈最常见的灌水模式。这里也跟大陆读者说声不好意思，此章节的报价单格式皆是台湾格式（请别被单价吓到），这天下乌鸦一般黑，手法都差不多，大家仍可参考参考。

■报价单常见的灌水手法

工程名称	单位	单价	数量	金额	备注
水电工程					
总配电箱整理更新 **B**	式	8000	1	8000	**C**
新增灯具开关出线口	式 **A1**	16000	1	16000	客餐厅与3房
新增2插座回路	回	1200	8 **A**	9600	1.电线规格：220V用太平洋5.5平方绞线 2.110V用太平洋2.0实心线

A 数量灌水：排名第一的手法。从水电回路、灯具数量等灌水项目不一而足。但要注意的是，地壁面不管是贴砖还是木地板，会多算点料，通常是以平方米数多加1成，如20平方米的地板，叫料要叫22平方米，这不算灌水。

A1 数量含糊带过：不管什么都写"一式"，没有细目数量，也没有建材规格。不过有些项目如阳台全拆除或全屋柜体拆除，范围确定，写"一式"是合理的。

B 没做的项目也收费：有个案例是新成屋，但报价单竟列出整理总配电箱的费用，问了设计师后，才知道根本什么都没有换，只是检查线路，但也开出了收费项目。

C 工法浑水摸鱼：工法也要写清楚，整理配电箱包不包括换电线、油漆是几层底漆和几层面漆、防水层是几道等，因为工序的繁复程度会影响价格。不能都空着，日后若有纠纷会很难处理。

注：报价单中的金额皆为新台币，计量单位为台湾常用单位，仅供参考。

瓦工工程					
全室地板打底找平 **D1**	坪	1600	10	16000	1. 采用 1:3 水泥浆打底，1:2 水泥浆粉光 2. 幸福牌水泥
客餐厅地板贴砖工资（含打底）**D2**	坪	4000	10	40000	铺复古砖，采干式施工
客餐厅地板瓷砖材料费	坪	2700	12	32400	复古砖 60cm×60cm/ 意大利制 / XX 建材经销 / 普罗旺斯系列红色

D1 D2 工程重复估价：这是排名第二的灌水项目。尤其是水电与瓦工，因为大家对师傅具体做什么都不是很了解，设计师也一知半解或给你虚无的回应，常容易出现同一个项目以不同的名目出现，再收一次钱的状况。像贴砖项目已含水泥打底，上方就不该再列一次打底的费用。

工程名称	单位	单价	数量	金额	备注
木工工程					
顶棚	坪	3000	12	36000	1. 平铺工法 2. 石膏板 / 9mm 厚 **F**
壁纸	英尺	1200	7	10920 **E**	卧室主墙

E 总价算错：这是网友 Sam 的经验，壁纸 1 英尺 1200 台币，他家卧室主墙是 7 英尺长左右，总价理论上是 8400 台币，却列出 1 万多。后来与设计师讨论后，竟回答：我家助理小妹算错了！

F 品牌随他用：凡建材都要写明品牌与规格，例如电线指明品牌与线经多少 mm 实心线；瓷砖则要写复古砖 60cm×60cm / 国产 XX 品牌 / XX 系列红色，不然容易被用到次级品。

Part 7
2
6大工程的20个地雷
解析实战案例

一项一项来看报价单的内容，大家就会了解师傅们在做什么事。

报价单上会列出所有工程，一般会有拆除、水电、瓦工、铝门窗、木工、板式柜、空调、卫浴厨房设备等大项，另搭玻璃、铁工、石材等小项目。每个项目中要写明的内容有：

一、地点与面积：客厅、餐厅或厨房，$10m^2$或$20m^2$。

二、建材规格：瓷砖XX品牌，$60cm \times 60cm$。

三、施工方式：如轻钢顶次龙骨30cm／支。

写得愈清楚，日后发生纠纷的概率愈低。"但姥姥，设计师或施工队长说他们以前没有写到那么细，也不大愿意写，我也不好意思硬要他们写。"

不少网友提出这困扰，的确也是，有的施工队长连打字都不太习惯，这样要求对方是有些为难。

嗯，那各位大侠或侠女，只有两条路：一是你自己打，另一就是用录音的；只要有录音档，仍有法律效力。

但记得，录之前得跟对方说好，要录音了哦！

不过，就像九阴真经若没有配合正确心法，只会练成女鬼梅超风或不上不下的周芷若，而没办法变成大侠郭靖。我们还是得知道地雷是怎么做的，不然道高一尺，魔高一丈，还是可能会被忽悠。

以下我就分门别类谈各个细项、各种工程中会埋藏的地雷，以及如何计价会更省的小技巧。

保护工程的范围也要一一确认，以免被灌水。

不该动的要注明

工程名称	单位	备注	工法备注
原有砖墙拆除	m²	1. A隔间墙整面拆，含卧室或_____ 2. 局部拆墙，如厨房或_____	不得拆到结构承重墙或剪力墙B
地板拆除	m²	含客餐厅、卫浴厨房或_____	1. 地砖拆除含剔除旧水泥见底 2. 不得打破水管或电管，若打破要补回B
卫浴砖体与设备拆除	式	设备含马桶、洗手台、浴缸	1. 地砖拆除含剔除旧防水水泥见底C 2. 不得打破粪管
全室旧门窗拆除	处或式	拆除大门、室内门、全室窗、踢脚板。门框窗框全拆，保留后阳台门	窗框拆除时要连内角水泥层一起剔除D
保护工程	m²	地坪、柜体、厨具或卫浴设备、大门保护	铺2层保护层，含瓦楞板及1分木板；抛光石英砖或大理石地砖、木地板则底层再加PVC防潮布；拆除胶带时若有残胶，请师傅处理E

Ⓐ一般拆除项目备注栏要写明拆哪里，如卧室、厨房。

Ⓑ"不能拆哪里"也要写，例如柜子柜体要保留、厨房隔墙打一半等，尤其是结构墙与排粪管常被误打，有的师傅会连钢筋都直接剪断，这样不行，所以要先说好，若打破不该打的，请自行负责恢复原状。

Ⓒ地板有分打掉瓷砖表层或打到底，要标示清楚。

Ⓓ打掉后重铺水泥再灌弹性发泡剂，如此窗框的水泥层才能一体成型，不会漏水。

Ⓔ因为这三种地板若直接铺瓦楞板，有的会留下一条一条的印痕，所以底下要再加防潮布。

地砖的估价，要注意水泥打底有没有重复计算。
（集集设计）

这里有地雷

项次 Item	名稱 及 規格 Description	單位 Unit	數量 Qty	單價 Unit Price	總價 Amount
	假設工程				
1	室外電梯+走道鋪PVC防護板	式	10.0	2,000	20,000
2	全室室內地坪鋪1分夾板+PVC防護板	坪	20.0	400	8,000
3	室內衛浴設備鋪PVC防護板	式	1.0	3,000	3,000
4	現場放樣	式			
5	工地保險	式			
6	施工申請	式			
7					

Orz!! 保护工程的单价是别人的 10 倍？
做保护工程的瓦楞板（PVC 防护板）单价
要 2000 元，嗯，很夸张。后来设计师回
复是打错了，200 元才对！

Orz!! 没动到的地方也要保护？
同一个案子，这间新屋根本没有动到卫生
间工程，卫生间也有门挡着，为何还要为
设备铺防护板？后来也说是"打错了"。

小叮咛：找离家近的拆除大队

基本上拆除并没有太高深的技巧，只要心
细点即可，选低价的无妨，有签合同都不用怕，
我发现整体一起算的总价往往会比一项一项算
来得低，建议最好找离家近的，这样若有问题
时，师傅会比较愿意再来一趟。

不过，要先想好格局，再来定拆除项目。
以免到时拆了后要再砌回来。

接下来看哪里是可以"不用拆的"。姥姥
之前跑过几个工地，不少都是全室拆光，但有
很多东西都还可以用，全都丢掉实在太浪费，
也对地球不好。

基于悲天悯人的情怀，我就曾在工地中"救
回"不少好物带回家，如衣柜的拉篮、烘碗柜
内的置碗架与置筷架，原本连窗帘都想捡回家
用，可惜我儿小蹄有过敏就算了。

现场师傅说，也曾"救回"红木做的实木桌
椅实木柜（可恶，我竟然没捡到这种超好的）、
卫浴用的不锈钢置物三层架、后阳台不锈钢洗
衣台。

设计师孙铭德则曾"救回"竹帘、榻榻米、
小学课桌椅、旧木窗、旧木门（相比之下我真
的没那么好运，只能捡到小东西）。

你看，你们家不要的，都是我们眼里的好
东西。所以，你要不要在拆除前再多看它们一
眼？像还可以用的室内门、衣柜桶身、橱柜桶
身、地砖、楼梯板材，都可以保留再利用，若
不知怎么用也欢迎到姥姥网站上来问，只要少
拆东西，不仅省到荷包，也可减少垃圾，对地
球或下一代都好。

水电
工程

无中生有最厉害

工程名称	单位	建材备注	工法备注
总配电箱整理更新	式	1. 总配电箱26位或几P____，价格____ 2. 采用ＸＸ品牌_____总配电箱 3. 漏电断路器选用二合一型 4. 用ＸＸ品牌2.5实心线	1. 更新成总配电箱 2. 换新空气开关及漏电断路器 抽换旧电线 3. 所有电线皆接地

Ⓐ总配电箱要写明是多少位数，不然可能会换小小的10P给你。此外，要注明箱体厂牌厚度1.2mm~2.0mm、材质：铁或白铁、外静电粉体涂装、埋入型（暗）、箱背是否有附背网（增加水泥黏着力）。位数最好再预留2P~4P空间，因为家电研发日新月异，留待日后增加时可用。

Ⓑ二合一型漏电断路器为较新的产品，价格较高，含短路与过载保护，若没写，有的师傅会用旧式的断路器。

Ⓒ电线重点在指定品牌与线径。

Ⓓ更新电箱要把换旧电线一起写进来，有的报价单会独立列换电线的费用，但这种分开计价的总费用多半比较贵，还是请对方一起算较好。

弱电箱电线整理更新	式	Ⓔ网络线采用CAT6，品牌_____ 价格_____	电视、电话、网络线统整在这里，可设计在总配电箱附近或电视柜旁
新增220V回路	回	含客餐厅、厨房、卧室 插座_____回 开关_____回 灯具开关_____回	1. Ⓖ含新增空气开关墙壁凿槽、配电线、配硬管 2. 旧的已存在的回路不算，可换线即可

E CAT6 的传输线速度较快，但有时设计公司拿到的价格是行情的一倍，可以请对方到天猫去买。

F 回路内容要写明，水电常会又多列一条换电线配管费，记得要提醒，旧的不算。

工程名称	单位	建材备注	工法备注
新增插座或移位出线口（含面板）	处	1. **H** 插座面板品牌_____，价格_____出线盒 2. 铁制或不锈钢	1. 含墙壁凿槽、配电线、配硬管以及面板 2. 数量参照灯具水电图样（不含旧插座出口）
新增开关或移位出线口（含面板）		单边控制_____个，价格_____ **I** 双边控制_____个，价格_____	1. 含墙壁凿槽、配电线、配硬管以及面板 2. 数量参照灯具水电图样（不含旧开关出口）
新增灯具出线口	式		**J** 含顶棚开孔、配电线、配硬管、数量参照灯具水电图样（不含旧灯具出口）
全室冷水管更新	式	采 PPR 主干为 6 分管， 支干为 4 分管品牌_____	1. **K** 含地壁面凿槽，配硬管 2. 冷热水管距离10cm以上 3. **L** 地点：厨房、卫浴、阳台热水器、冷气排水管等
全室热水管更新	式	**M** 采 PPR 主干为 6 分管，支干为 4 分管品牌_____	1. 含地壁面凿槽，配硬管 2. 热水管不能离地砖太近 3. 地点：厨房、卫浴、阳台热水器

H 插座、开关等出线口的写法都雷同，注明面板品牌，若要换，可以补差额。

I 双边控制的开关，会较费工，价格会贵一点。

J 灯具出线口要把开孔一起写，反正"新增"出线口一定要挖孔，分开列的都会较贵。但若是旧的出线口要换出线盒，的确就没开孔，可以再单独列。

K 工法写明，这样师傅才会知道要挖沟，分别放冷热水管。

L 除非浴室或厨房有移位或重建，一般不会有排水管的更新。

M 水管尺寸主干粗、支干细，可维持水压。压接头还分单压接与双压接，厂牌分本地与进口，价差可达 3.5 倍。

这里有 地雷

Orz!! 新成屋还要总电源的查线工资？

三、				水电工程(不含对讲机位移&浴厕配件安装)	
总电源查线工资 (含拉电源线材)	式	1	7000		$7,000
新增110V电源插座迴路	式	5	900		$4,500
新增110V电灯迴路	式	14	900		$12,600
重设AV端子(客厅)	式	1	1500		$1,500
重设网路端子	式	2	1800		$3,600

这是网友 Mciky 的报价单，是新成屋。理论上，总配电箱的电线应是没什么问题，除非要加回路（但报价单上也有列出回路的费用），所以不知总电源是查什么线。请网友去问设计公司后得知：他们并没有要换总配电箱，也没有增加总配电箱新的回路，但仍要收 7000 元。

什么？没有要增加回路，那后面列的回路是什么？这先卖个关子后头再聊。

那设计师说 7000 元是去干什么呢？查电线有没有问题以及换电线的线材费。但这是新成屋，若总配电箱还需要设计公司去查电线，那应该是地产商要付钱，不是房主付钱吧！至于换电线的说法更有趣，刚交屋的全新房子是要换什么旧电线？

不过 Mciky 与对方沟通后，对方仍说要收这笔费用，"因为这是公司规定的。"

嗯，姥姥也能理解，这是专做样板房的设计公司，又打出不收设计费的活动，所以只好借由这些项目变相收费。这样大家看懂了吗？"不收费"的背后还是有只隐形的手会伸向你的口袋的。

Orz!! 老屋整理总配电箱后还要付一笔换电线的费用？

我在大部分的老屋翻新报价单中，都有看到"整理总配电箱"的项目，但有几份除了此项外，额外再列一个"全室换电线"。

我向水电师傅请教，大部分师傅都是整理总配电箱就含换旧电线，但是也有师傅是单列的。

从大部分的报价单看来，只要是分开来列的，总价都超过 1 万元，反而是算在一起的价格从 5000 元到 1.2 万元都有，所以我建议大家，还是请对方"一起估"。

我之前曾提过报价单最好工料分开，但我研究多份资料后，发现分开估价的结果竟然往往是总价会提高。但工料分开估价仍有好处：想换建材时，可以知道要补多少差价，也不必担心工费会同步上涨。所以我想到的方法，是工料合算（除非是点工点料制），但把建材规格与价钱写清楚，这样就可兼顾便宜总价，以及换建材的优点啦。

Orz!! 新成屋要电路修改？

项次 Item	名称 及 规格 Description	單位 Unit	數量 Qty	單價 Unit Price	總價 Amount	小計 Re
11	新增厨房專用迴路	迴	2.0	2,000	4,000	2.0m*2
12	新增冷氣專用迴路	迴	2.0	3,000	6,000	
13	新增燈具迴路	迴	2.0	2,000	4,000	
14	新增插座迴路	迴	2.0	2,000	4,000	
15	壁面打墼贴補工資	工	1.0	3,000	3,000	
16	電路修改與電箱NBF連结工資	式	1.0	5,000	5,000	

这个案子是新成屋，但列出什么"电路修改与电箱 NBF 联结工资"，我看不懂，就自己打电话过去问，设计师回复："就是换旧电线或新增回路的电线要与电箱联结。"

啊，前面不是已列回路的钱了，且这是新屋没有要换旧电线啊，后来对方也说，那好吧，这项可以删除……

Orz!! 说好换总配电箱，完工后仍然是旧的横式 10P 配电箱？

这是网友 July 与网友文青家发生的事。就是报价单上写了要换新的总配电箱，但最后水电都完工后，打开配电箱一看，怎么还是之前那个横式的配电箱呢？

对，就是有师傅会赌赌看房主懂不懂什么叫总配电箱。

July 家的师傅立刻就说，好那要加 3000 元（之前开价 4000 元，的确较低）。

文青家就比较惨烈，师傅与设计师一开始还说，这就是新电箱，后来文青拍照片到姥姥脸书询问达人后，

对方就改说墙厚度不够、总配电箱太大以致无法施工等理由，姥姥看了真是昏倒，怎么会有这种人，报价单写了还想赖。

还好有许多很好心又技术高超的水电师傅，一步步教文青如何回应。

姥姥真的很佩服这群师傅，完全无所求地在帮忙，所以姥姥也想再说一次，虽然这世界有黑箱作业，但我可以非常肯定地跟大家说，也有超棒的师傅与设计师，真正在帮大家的都是他们，他们的热忱真的非常令人感动，再次谢谢所有的师傅与设计师。

Orz!! 根本没新增回路，也算入新增回路

项次 Item	名称 及 规格 Description	單位 Unit	數量 Qty	單價 Unit Price	總價 Amount	小計 Re
11	新增厨房專用迴路	迴	2.0	2,000	4,000	2.0m*2
12	新增冷氣專用迴路	迴	2.0	3,000	6,000	
13	新增燈具迴路	迴	2.0	2,000	4,000	
14	新增插座迴路	迴	2.0	2,000		

报价单上开了新增空调回路 2 回，因这位房主是姥姥朋友，对方把总配电箱拍照给我，他家预计装 4 台空调，但原本留的回路中就有 4 个是给空调的，还附一个备用的，这样是够的啊，应该不用新增的。

我跟设计师讨论时，对方回说："真的吗？我没仔细看配电箱，那到时会拿掉这个项目，再做调整。"

这个多估的项目"非常常见"。不管老屋新屋都有旧回路，只要换电线就好，这部分的费用已含在整理总配电箱中了，但很多设计公司或施工队会再列一个回路费用，尤其是灯具插座回路，被虚报得很多。

Orz!! 已列回路费用，但又另列壁面打凿贴补工资？

14	新增插座回路	测	2.0	2,000	4,000
15	壁面打凿贴补工资	工	1.0	3,000	3,000
16	电路修改与电箱NBF连结工资	式	1.0	5,000	5,000

新增回路就是指从总配电箱延伸新的电线到插座或开关，包含的工作有电箱中增加一个空气开关、壁面凿沟、配电线、电线的保护硬管。

那为何新增回路收了一回钱，后头还有壁面打凿贴补工资？我一开始以为这打凿贴补工资是指瓦工修复壁面打凿孔的费用，但后面也列了瓦工修复的项目。

很遗憾，在询问对方后，一样是说："那这项也可以拿掉。"

Orz!! 100平方米的屋，"新增"灯具80个、插座40个？

一样，苦主又是朋友的家。他拿两份报价单给我，一份新增灯具80个，插座40个，开关40个，网络出口还有8个（他家又不是开公司）；另一份报价单上，是灯具40个，插座与开关各10个，比较后发现数量差很多。

我不是要说设计师不能规划80盏灯，而是"实际上真的没装那么多"，我后来请他算好真正需要"新增"几个，因为也遇到过把旧的插座当新增来算的情况。旧的插座若只是换新面板，不换出线盒，也没换电线，是不能用"新增出线口"的费用来算的，但很多报价单上都是要换二三十个，房主自己要好好检视。

但往往报价单是在详细画图前就先概估的，也可以在出线口工程后面批注，"视实际情形再加减"。

Orz!! 回路、出线口报价都含材料了，为何还有"水电材料费或开关面板费"？

插座与开关的出线口工程中，大部分的报价包含面板。的确也有设计公司会把面板独立列出，就像之前说的，只要独立列出的九成都比较贵。

一般出线口的报价在500~800元之间，理论上材料另外报价的，工应该比较便宜，但像照片这家，面板费用另列，出线口价格仍要650元，所以我建议大家还是让设计公司工料合算较佳。

比较有趣的是，这家公司在列开关与插座的出线口工程（就是单子中的配线移位安装工程）时已经把面板列入报价了。但你看，后面又列出开关面板费用 1 万元。

我帮他算了一下，开关是 40 个，国际牌从单开到三开一个 100~300 元，平均用两开好了，40 × 200 元 =8000 元，也不到 1 万元啊，后来设计师在电话中也是说，那笔费用是助理打错的。

我发现只要工料分开算的，都比较贵，要避免日后争吵，不如一开始就工料合算。

Orz!! 灯具回路有 43 个？

有的报价单上灯具、插座与开关的回路数都超过 10 个，甚至 30 个，我也觉得奇怪，配电箱大部分都是装 16P，好一点的装 26P，怎么可能会有 30 几个回路呢？

后来打电话询问后，就发现了：原来根本没有新增回路，那些都只是"出线口"工程。

什么是出线口？就是让电线从墙里出来后不会电到我们的保护工程。以插座出线口为例，就是墙壁挖个孔，再放保护电线的出线盒，外面再加插座的面板。

那为什么要把出线口的工程写成回路工程？有的设计公司是回路价格与出线口相同，但是有的就价格不一样了，且差很多。

通常一个插座回路是超过 1000元，出线口则 500~600 元，但写成回路之后，明明是出线口价格就可高达 900~1200 元。

有个师傅"偷偷"跟我说，大家都知房主会比价，但写"假的回路"，不但单价比出线口高，与其他家真正的回路价格相比又便宜，房主又不懂，就以为这家开价较低，真的是挂羊头卖狗肉，房主还吃得高高兴兴。

还记得前面提的样板房设计公司的案子吗？姥姥跟大家讲，别以为只有他们会这样开，我在好几个豪宅案的报价单上也看到同样的开法。

最贵的那个"假冒回路"是 2500元（事际上是灯具开关，一般单价是 500~800 元），数量是 43 个，这家的插座等出线口单价也比一般高出一倍，而且都还是不含材料的工资（后面有一项水电用材料费 47500 元）。

我不懂，难不成一间 120 平方米的老房子，插座会因位于最高级的地段，出线口的工法就不同吗？谢谢朋友寄来的单子，真是让我大开眼界。

Orz!! 音响回路 1 回开价涨 2 倍？

姥姥之前建议大家留一个专用回路给音响，质量会较好。但若是你家音响只有两个喇叭放在电视柜，没有 4 个喇叭要装在顶棚，那专用回路（从总配电箱出发到电视柜）就是一个插座回路，给扩大机、CD 或 DVD 播放器用，报价与一般回路相同。

若客厅音响的位置离总配电箱较近，比空调回路的"路程"都短，工资就不应该高过空调回路。

但若你家是好几个喇叭要长途跋涉过千山万水，才到达各处顶棚的角落，因为牵线的工费贵，的确可以开更高的价格。

常有设计公司会把"专用回路"当成摇钱树，可能是名字听起来高档，就觉得能多收一点。但事实上，"专用回路"压根就等于"一般的回路"，甚至工法更简单！一般回路还要给好几个插座或开关共享，但专用回路只给一个插座使用。

音响电源的重点在"电压稳定、电源干净"即可，所以装个 220V 的回路就好，要求音质的可以把电线换成音响专用电缆线。

不过，不管是师傅还是设计师，有的人一听到房主说是音响专用的，价格立刻三级跳；所以你也可以保持沉默，完全不要特别指定这回路是给音响用的，就请对方做一个"专用回路"给电视柜就好。

瓦工
工程

项目一变三，造成低单价错觉

工程名称	单位	建材备注	工法备注
地壁面 打底整平	坪	Ⓐ（不贴砖时才会有的项目） 打底采 1:3 水泥浆 面层 1:2 水泥浆 地点：客餐厅厨房	1. 水泥砂浆要搅拌均匀 2. 打底等干了后才能上面层水泥 3. Ⓑ 不能用电风扇加速干燥；水泥养护要加水保湿

（续前表）

地壁砖 工带料	坪	（要贴砖者使用的项目） 水泥的规格比照上项 ⓒ瓷砖规格要写：板岩砖 或＿＿砖 /60cmx60cm 或＿＿ / 国产ＸＸ品牌系列 或＿＿ / 黑灰色＿＿； 单价一片＿＿元 或一平方米＿＿元	1. 用 1：3 的水泥砂浆做打底（工法 参照水泥的规格比照上项） 2. ⓓ用硬底（或软底）或大理石工 法贴砖 3. ⓔ大片砖要加瓷砖黏着剂；贴砖 时要用木槌或重物压紧砖体与泥浆的 密合度 4. ⓕ贴砖后至少24小时才能填缝

ⓐ地壁面没有贴砖时，才要单独列水泥打底加面层打磨的工程。有贴砖的话，这项就没有，而是列在贴砖连工带料中。

ⓑ吹风扇加速干燥是施工队常见的不当行为，最好都提醒一下。

ⓒ建材规格都要列出，这样要换等级时，加减价都很清楚。

ⓓ贴砖的工法会视瓷砖的大小而有所变化，可请师傅圈选。大理石式的工资会较贵点。

ⓔ提醒工法细节。

ⓕ若水气未散就填缝，日后易变色。

卫浴 防水工程	式	ⓖ2平方米以下，防水砂浆品 牌为＿＿、价格＿＿元 大理石门坎Ｕ字形价格＿＿ 地漏价格＿＿	1. 水泥浆打底 2. 防水砂浆上 2~3 道，干了后才能 进行下一道工序 3. ⓗ防水层从地板做到顶棚 4. ⓘ泄水坡做好后就试水，看是否 有积水 5. 门坎下方要做止水墩
铝门窗框 灌水泥浆填缝	处 或 式	全室客厅厨房加３房、含门套 水泥修补	1. ⓙ需要用发泡剂灌满缝隙，若有 空心要重灌 2. 内角旧水泥剔除后，与填缝水泥一 起重新砌

ⓖ防水砂浆的品牌价差很大，还是列一下。

ⓗ也有的施工队只做 150cm，注明即可。

ⓘ试水就是将地板放满水或多浇几桶水，看是否有漏水或积水之处。

ⓙ弹性发泡剂要灌到满出来，才能填满缝隙。

这里有地雷

Orz!! 已有贴砖的工资，还另列水泥打底的费用？

一般报价单上，卫浴的贴砖费只有一项连工带料的费用，也有不少是工料分开计价，贴砖费含打底一笔，材料费一笔，贴地砖的费用通常比壁砖高点，但也有师傅是地壁砖价格一样。

好玩的是，少部分报价单除工料分开计价外，又再列一项"水泥打底"费用，大部分跟贴砖价差不多，最有趣的就是姥姥附照片的这家公司，打底列一条，贴砖工资加料再另列一条。

姥姥对单价高低没有任何意见。在泥工、木工上，好工艺的师傅收费当然要比较高，就像请林志玲拍广告的价码一定高于请姥姥啊。

同样的，如果师傅一项工程收别人的两倍价格，我觉得那是他的本事。我们也不要骂对方贵，若没钱请他，可以再去找别人啊，天底下又不是只有林志玲会拍广告，是不是？

这是自由市场，所以请不要再嫌设计公司开价太高，那是我们没有找到、适合我们等级的设计公司。不过，怎么知道对方有没有开太高？很简单，你找3家来比价就会知道了。这业内竞争激烈，大部分公司都是在行情价内，我看那么多份报价单，会超过行情一倍的多是豪宅案，其他的差别多在一到三成之间。不过要小心的是"不知名"的设计公司会在某一两项工程"忽然高一倍"就是了。

好，讲回这个案子，单价高低先不论，设计公司要把一个工程分成10个项目收费，这我都没意见，但若是"分开计价后的总价"是一般行情的两到三倍，这件事应该让房主知道才是。

我举例解释一下，以下为同等级瓷砖的报价：

A公司：地砖贴砖连工带料1平方米200元

B公司：地砖贴砖连工带料1平方米150元

上面两公司看起来是B公司较便宜，对不对？但实际上，A公司的贴砖是含水泥打底，B公司则还会再收一笔水泥打底1平方米70元的费用，那最后谁便宜呢？

但许多房主看不懂报价单，搞不清楚那笔水泥打底是与贴砖"一起做的"，只会看贴砖那一项，但被分开列时单价就会较低，有的人还会误以为是赚到了。因此还是建议大家，要请对方把估价单的项目都一起算，不要分开列比较好。

Orz!! 贴砖与水泥打底等都列费用了，以上还不含水泥砂？

有时项目分得太细真的很麻烦，在 100 多份报价单中，只有这一份另外列出了水泥砂的费用，但每项施工价格已不低，竟然还不含水泥砂。

而且水泥就算用到最好品牌，也比报价少一半，除非是设计公司用到从美国运来的超高档水泥啦。

可不可以这样报？当然可以！我们能不能说报太高？不行！

老话重提：设计公司开得出来还有人买单，这是他的本事。我只能说，我们没钱的人，受不了这种开法，还是请施工队内含，比较便宜。

Orz!! 同样的施工队、同样的工法，浴室贴砖（不含防水）为何比厨房贴砖贵？

大部分报价单贴砖的工资（不含料的），都是地砖一个价、壁砖一个价，不会因是用在厨房或浴室而有差别。但有的阳台施工会比较便宜，因为阳台采用湿式施工，又是小尺寸

20cm×20cm 的砖，较好施工。贴抛光石英砖的大理石工法会比较贵，贴 80cm×80cm 这样的大片砖工资会比较贵。有时即使贴同样的砖会出现不同的计价，这不一定是乱报，要问清楚是什么工法。

其实大部分施工队贴砖都是同一种工法，客厅、厨房、浴室、阳台多是硬底施工（不算抛光石英砖的大理石工法），若工法一样砖也同尺寸，理论上工资应该是一样的。

Orz!! 这个设计公司的浴室防水开价比行情贵 1 倍？

一般等级的防水，就是用防水砂浆涂 2~3 道，高度做 180cm，要从地板做到顶棚的也有。但说实在的，这就是基本款配备，汽车的入门款等级。

若是找技术较好、认真的师傅，再加高等级的防水材料，当然价格就会往上跳。什么叫技术好？第一，他会凭良心真的等水泥自然干后，再帮你做下一道工序。第二，他是真的照比例调防水材料的配比，而不是"靠眼力或经验"。第三，他会好好做泄水坡。

若你遇到这等好师傅再搭配高档防水材料，贵一点也是 OK 的，但若还是以上的基本款配备与不认真的师傅，那就另当别论了。

木工
工程

"一式"背后的浮报陷阱

工程名称	单位	建材备注	工法备注
吊顶	坪	1. Ⓐ石膏板_____； 品牌_____ 尺寸：9mm 厚 地点：客厅____平方米； 餐厅____平方米；厨房____平方米； 阳台____平方米	1. 平铺或做造型 2. Ⓑ次龙骨：1尺1支， 吊杆：120cm 内 1 支； 挂吊灯要固定在水泥吊顶上
木工移门, 面 木皮 染色	个	1. Ⓒ五金合叶品牌____个 2. 有无阻泥, 价格____ 3. 面贴木皮板或三聚氰胺板	
木工隔 间墙		Ⓓ石膏板 /9mm 足厚或____ / 国产 品牌或____ 2. 内含玻璃棉 24k 或岩棉 60k 3. 地点：卧室____尺 书房____尺	1. 做单面或双面, 品牌____ 2. 角材 60cm 1 支 3. Ⓔ若需挂电视或挂画, 后方要 加 6 分合板
衣柜	尺	1. 木工柜桶身全采免漆板, 背板 4mm 足 2. 尺寸：240cm 高，180cm 宽， 60cm 深 3. Ⓕ门片：表面白橡实木贴皮或免 漆板 4. 五金：合叶品牌____；滑轨____； 搁板____个；抽屉____个；拉篮____ 个；吊衣杆____个	1. 柜体背后放防潮布、边缘处要 做导角、层格孔洞要加铜珠、多 留两片搁板备用、桶身长度不超 过 9 米 2. Ⓖ门片高于 90cm 时, 用木角 料结构 3. 门片是否贴穿衣镜

Ⓐ板材品牌一定要写，以免被调包。

Ⓑ工法可先讨论，不要师傅报价后再要求。常有网友抱怨师傅不愿多用吊杆，还提出许多匪夷所思的理由，屋主到时就会搞不清楚到底要不要做，不然就是要花一公升的口水来说服师傅或设计师。

再来，工法一定要在报价前就讨论好，因为做法可能会影响开价，到时若再追价，我想也不是房主乐见的。

C 五金合叶质量不同，价格也差很多，还是列出来比较有保障。

D 记得写"9mm 足"，不然会被用成 8mm 的。

E 若打算挂重物的，背后都要加铁件

或合板，面积最好比电视大，安装时就不必找角材下在哪里。

F 门片的种类会影响价格，一般是用三聚氰胺板，若想要木皮板的要先说。

G 用木角材结构，门片才不会变形。

工程名称	单位	建材备注	工法备注
板式 衣柜	尺	6 分 P3 刨花板 **H** 品牌：EGGER 或＿＿＿＿ 尺寸：240cm 高，210cm 宽，60cm 深 门片、五金：同上	1. 背板、踢脚线至少为 8mm 以上刨花板 2. 门片贴穿衣镜
实木多层 木地板	坪	地点：卧室＿＿＿＿ 尺寸：5 寸厚＿＿＿＿＿＿ 品牌＿＿＿＿＿＿ 表材：柚木系列＿＿＿＿ 价格＿＿＿＿＿＿	1. 直铺，底层放防潮布；平铺，会加 4 分合板；架高，底下加角材；收边方式：玻璃胶或收边条；伸缩缝留 8~12mm 2. **I** 铺完后脚踏有声要重铺

H 写出品牌，就不怕被用到次级货。

I 写清楚处理的方式。

图 这里有地雷

Orz!! 房主家全部算下来也就 15 平方米要铺木地板，估 25 平方米会不会太多？

木工项目比较常见的问题是数量。一般地板都会估损料，大约是实际面积的一成以内（这已经算很宽裕了），也就是 20 平方米的空间会估 22 平方米来计价；这是正常的收费，请不要连一两平方米都跟人讨价还价。

但若设计公司把 15 平方米开价成 25 平方米，就真的是居心可议。不过姥姥帮设计师讲句话，还没接到案的报价单都是概估，概估就容易出错，所以可附注"平方米数以最后户型图为准加减"，不必为此伤神。

Orz!! 隐藏式空调出风口已列出，为什么又列空调线型出风口的收费？

这也是姥姥看不懂的地方，隐藏式空调出风口与线型出风口有什么不同？而且各 5 个，价格不一样。

但据我所知，隐藏式空调出风口就是线型出风口；后来问清楚后，才知道两者是指同样的工程，是设计助理忘了删除其中一项。不过经此一事，我才知道出风口在同一家公司也有两种计价方式。

其他
工程

Orz!! 木工柜、移门皆已有报价，五金配件为何又来一笔？

这个常看到，也不算浮报。设计公司解释，一般木工柜是用国产五金，若想升级到进口品牌的合叶、油压阻尼门炼、移门轨道等，就必须加费用。

这说得有理，的确是该列费用。但是有的表面写"一式"，实际上数量上会多太多，或者单价会多太多。还是老话一句，要在报价单上写明建材规格，包括品项、材质、尺寸等，才比较有保障。

油漆工程			
工程名称	**单位**	**建材备注**	**工法备注**
顶棚	平方米	乳胶漆或水泥漆品牌 米白色／色号	Ⓐ接缝刮腻子 2 次，上 AB 胶＋打磨，面漆 3 道（2 底 3 面）
墙面	平方米	Ⓑ乳胶漆或水泥漆品牌＿＿＿＿＿ 米白色／色号	接缝刮腻子 2 次，上 AB 胶＋打磨，面漆墙面 2 道（2 底 2 面）

玻璃工程			
5mm 强化玻璃	才	清玻璃或雾玻璃； 厨房壁面、浴室搁板	Ⓒ四周光边，边缘导角、开孔

灯具工程			
T5 日光灯	盏	品牌 尺寸 3 尺或 4 尺	Ⓓ电子高频预热式安定器 品牌

Ⓐ要不要打磨与刮腻子次数，都会影响到价格。

Ⓑ墙面可选乳胶漆较好刷洗，但会较贵。

Ⓒ锐角易伤到人，记得要导角。

Ⓓ要装这种的，灯具才耐久。

这里有地雷

Orz!! 已有天花板与壁面油漆，为何线板还要单独列出计价？

Item	Description	Unit	Qty	Unit Price	Amount	Remarks
	油漆工程					
1	全室新作造型天花批土粉刷	坪	42.0	1,100	46,200	ICI水泥漆/含入胶塑胶砂
2	室内墙壁批土粉刷	坪	80.0	750	60,000	ICI水泥漆/基本批土
3	新旧木隔间柜作骨架批土粉刷	坪	8.0	850	6,800	ICI水泥漆
4	全室衣橱衣柜内油漆防污水泥漆	尺	70.0	150	10,500	ICI水泥漆
5	全室线板批土粉刷	式	1.0	5,000	5,000	ICI水泥漆
6	全室踢脚板粉刷	式			3,500	

在一百多份报价单中，还是会看到有些项目是某些设计公司独有：例如上图这个案子，列出了线板的油漆费。还好，屋主跟设计公司沟通后，这笔费用也可不算。

到底如何谈报价单？

姥姥看了一百多份报价单后，心里也十分感慨，以前从不知道设计界有人会这样开报价单，但前面我也说过了，这是大环境的无奈。那在这种状态下到底要如何才能获得一份"实在"的报价单？

设计师孙德铭建议的方法，姥姥觉得挺好的。首先，每一工项至少要请三家比价，然后坐下来好好跟师傅问问施工方式，经过交叉比对，再从中整合出一份新的报价单。

再请其中比较信任的两家，再次调整报价。

请记得态度要诚恳，就算有一两项估高了，也不要像捉到对方小辫子一样，大家都是认真工作讨生活，要彼此体谅。不妨跟师傅说："我能理解你的困难，但我想问问这项工程换个做法，可否再重新估价一次？"最后再决定施工厂商，进行签约，这才是创造双赢的最佳途径。

重点笔记：

1. 要留至少一个月的时间规划，想好八成再动手装修。
2. 诚恳地跟设计公司或施工队说，我不杀价，但会比价，请好好写报价单。
3. 工料一起计价比较不容易发生重复报价的情况，但一定要把材料的规格与价格列出，这样你想换建材时，就知道要补多少差价了。
4. 比价前要先统一格式才有意义，最好不要单项单项比，各施工队开价有高有低很正常，直接比总价较准。
5. 地板平方米数、插座与灯具数量等，都较容易被灌水，可注明"以最后定案的设计图样"为准。
6. 施工队报价都是报最便宜的基本建材，若想用好一点的要提前说，不然会一路追加预算。

找到好班底
你需要的是设计师、监工还是施工队长

若常看经营管理类的书，成功的创商家乔布斯、松下幸之助都曾开示：成功的秘诀不在技法，而在人。意思就是，找到好的设计团队你家就成功了一半。

不过，看网友一封封投诉的信函，我发现很多与设计师之间的冲突是因为屋主对"设计师"的期望太高，设计师不只要设计你家，还得兼心理医生、艺术家、人生生涯顾问师，更过分的还要当高档佣人。但设计师跟我们一样也是普通人，不是超人。

所以，要先搞清楚设计达人们能帮你什么忙。

我们普通人能找到的设计达人有设计师、监工、施工队长三种。每一种都有不同的专业，没有谁高谁低，只要摆对位置，每位达人都能发挥最大边际效益，像徐志摩说的，就能许你一个未来。

不过，姥姥先打破一个最常见的误区：请设计师"不一定"比请施工队长有品位，请施工队长也"不一定"

比设计师便宜。这是姥姥看过上百份报价单与设计案后得出的结论，当然以概率论，设计师比较会设计空间，施工队价格比较便宜，但都不是绝对值，不过也就因为如此，我们有机会找到便宜又会设计的达人。

当你
预算不足

找施工队长，但先练功

设计公司的报价大半远远超过你的预算，没关系，还有许多施工队会负责任地帮你把家弄到好。但要注意两点：

第一，施工队的优势就是"工法好"，但八成没有太厉害的美学素养，不要期待他设计什么北欧风、巴厘岛风，大部分会来盘大杂烩，把你说的全都放进你家，根本不管美不美或搭不搭。

第二，你要好好研读工法，不然容易被忽悠。因为没钱请监工了，你只好自己来，不管是上网找资料还是买书回来啃，其实好好用功 3 个月，应该就可以对工法有基本了解。

但若你练功 3 个月后，还是看不太懂防水是怎么做的，听姥姥的劝，在预算中拨个几万，去请位监工吧，你不要以为这费用太高，若与日后可能招来的装修纠纷相比，实在是小数目。

姥姥就曾看过一个案子从 10 万追加到 100 万，而且还没弄好，房主到最后已经精神崩溃了。所以就把这笔钱当保险，不听老人言，会吃亏在眼前的。

当你不懂工法

自组施工队，再另请监工

监工就是负责帮你看师傅有没有照着当初讲好的在做，一般收费是工程费的 5%~10%。有专业的监工人员，但也有施工队长或设计师可兼任监工，只要谈好价格以及工作内容即可。

我倒是推荐没钱的人采用此法，既能保障装修质量又能帮房主省下大笔费用。

优点 1　施工队可自己找

监工基本上是独立作业，收费有的是按件计价，有的看工期长短收费，有的按工程费计费，收 5%~10%。

找到监工后，也要找施工队。大部分监工都有自己的班底，但若不喜欢他推荐的师傅，或觉得师傅开价超过预算，也可以"房主自己找"。这与一般找设计师包工程到底的做法，相当不一样，给房主相当大的选择权。

目前最常见的仍是设计与工程都由同一家公司施作，对房主而言，装修要注意的事项多如牛毛，都交给设计师处理最省力；另一方面，设计师自己的想法也最能原汁原味地呈现，不会因师傅"不会做或做不好"而把自己的设计毁于一旦。

不过，因设计公司的质量良莠不齐，这种设计与工程统包的结果，也常见自己人包庇自己人，放水或工法乱做却仍验收过关的情形。

但当监工与施工队切割开后，就比较没有这个问题（当然，前提是讲好监工的工作范围），但也只能说"比较没问题"。

监工的监督表现好不好，与他本

身的实力有关。我看过明明不懂工法也凑热闹当监工的例子，也看过超厉害又认真的设计公司监工人员，所以，监工的质量与人的素质有关，倒不一定是请专门的监工功夫就比较高哦！

优点2 付的是施工队价，可省下不少

监工制度不只是找施工队可"切割开来"，连付费方式都可"切割开来"。施工队的钱由房主自己付给施工队，所以屋主可直接看到施工队价，而不是设计公司的转手价。

请监工看来还不错，但会不会有缺点？有的，根据几位监工的经验，最大的问题发生在"当监工与师傅对工法的看法不同时"，还有"当监工认为要重做但师傅不肯时"。

因为监工不是付钱给师傅的老大，所以师傅不见得会听监工的，再加上一些师傅都有二三十年的经验，会觉得被一位吃米比他吃盐还少的监工管时，心里也不舒服。

这时房主的态度就是关键了。你希望谁负责，就要给他较大的权力。千万不要各给一半，那最后就是累死你自己，更不要在中间激化矛盾，若他们之间有了心结，你的案子就很难顺利进行。

在我所知道的案例中，通常是给监工较大权力。权力不是口头说说就有的，现代人没有白纸黑字谁理你啊，

卫浴的报价要谈好工法与建材。（集集设计）

所以要给权力，房主可以去跟施工队立字据：

若没有监工签名，不付钱给施工队。

这条写下去，师傅们就有底了。不过，我们当然不是说监工说的一定对，师傅一定不对，不是这个意思。

基本上工法有很多种，大家可理性沟通，我想也没有监工会故意刁难师傅，这种做法只是让工程有重大冲突时有个依据。

找监工，先问细节

设计师孙铭德也提醒，在发包工程时就要请监工提供工法的意见，如果在发包时就有错误，监工也只能按错的方式去监造。还有，记得要把监工的工作内容、时间等文字化，讲清楚验收准则，不然监工若存心打混，你这外行也很难察觉。

但要怎么找到真正懂工法的监工呢？不少网友会问我这个问题。姥姥自己也玩点股票，现下血流成河，所以非常能理解在茫茫大海想找浮木的心情。

很简单，问几个工法问题看对方怎么答就好，你可以拿着姥姥的书，随便找几个问题，例如：漏电断路器要用在哪些回路上？漏电断路器与空气开关有何不同？若对方还要问你，什么是漏电断路器，这人就不必找了。

再来也可以问"卫浴防水怎么做？何时要试水啊？""轻钢架隔墙要防裂的话，有什么办法？"这种问题也可顺便看对方对细节的了解。最后要问有没有出图，有的监工会画设计图，但大部分不会。"不出图，那插座或

墙设计在哪啊？"这的确是容易有纷争的地方。我看过有的监工也会出"简易版"的图样，或者你自己简单画，或者就在你家现场，用粉笔在墙上画出隔间墙、插座等位置，也就是俗称的"放样"。以上虽然都有点简略，但是能与施工队沟通就好，不是吗？

相信你自己的能力，真的，你可以找到好的监工的！

当你
要格调

找设计师：为风格买个保险

什么，没钱还找设计师？是的，你没看错，姥姥也推荐没钱的人去找"风格派"的设计师，为什么？因为这派的设计师真的功力高强，可以帮我们的家打造出一种风格，一种格调，那是我们普通人做不出来的。

不管是找施工队长还是监工，我都不敢提"风格"两个字，这风格不是指乡村风、现代风或古典风，而是指整体的格调，就是一眼看上去就让人心旷神怡的空间设计。

如果你自己本身实在没美学素养，

这格调，还真的只能靠设计师才行。不过，在业界混久的人都知道，这不容易做到，因为已是艺术的层次。不是每个读美术的，都是毕加索；也不是当设计师，就能打造出格调。

属于艺术层次的东西，都不是讲年资或讲技法就能达到，因此资深师傅或监工都不一定有这份能耐；不过老话重谈，这并不是指有高低之分，设计师、施工队与监工，大家都是在同一高度上，只是专业不同。

能做出格调的，我封为"风格派"设计师，但有一好没两好，通常设计费都贵，当然价格并不是决定因素，也有收得很平价的，若遇到这种设计师你真是走运。

要小心的是，也有价钱很贵的土豪式风格设计师，把各式风格在地化，东拼西凑的那种。有的还很会论述理念，大谈"在深夜加油站遇到苏格拉底"，但设计出来只会让姥姥觉得"半夜遇到鬼"！

如何判别呢？这没有答案，因为格调认定太主观，你觉得好看就好了。但设计费的数字常让没钱的人却步，因为大家会这么想："这整个工程做下来，一定会超过20万，我哪有钱啊？"错了，这就是找风格派的设计师最常见的误区，比较正确的想法是：不一定贵。

前面大家看了那么多"不做什么"

的省钱招，就多是风格派设计师想出来的。这就是厉害的设计师，格调不是用钱砸出来的，而是巧思。

空间怎样才能好看，并不是一定要用昂贵的大理石，决定点在设计师的眼光与知识，他会知道用怎样的建材等级帮你打造出品位。

以100平方米为例，找好的设计师，设计费加工程费30万，出来的效果一定会比不用设计费但工程费收25万的好。这是我看过那么多案子的结论。

不过，设计公司的报价的确大部分都比施工队贵，有网友还会因此骂设计师黑心。姥姥倒觉得事情不能这样看，且听我说下去。

已过滤施工队，有保修期

我以前也曾觉得设计师开价太高，但对这行愈来愈了解后，就完全不这么想了。

原因一，他们会提供较长期的保修。大部分的施工队师傅，超过一年保修后，就不会管你家了，搞不好连人都找不到了。

但好的设计公司会帮我们做维修，当然若过了保修会收费（但若是当初做就有问题的还可免费重做）。你大概也知道，有些小工程，像是换门合叶，可能还找不到师傅愿意接案呢！我们直接一通电话挂给设计师，就有人到府服务，这个就值得花多点钱。

原因二，许多设计师配合的施工队也是以多年经验换回的班底。九成设计公司是没有自己养施工队的，都是外包，也就是设计师会去找别的工程公司或施工队合作。

通常一个设计师底下会有 2~5 个施工队。但是不是每个施工队手艺都一流？当然不是。大部分设计师也是要试用好几年后，才会有固定的班底。有个设计师就跟我说，他这两年来换了 5 个木工施工队，感叹现在好师傅难寻。

这里插句话，有时我们会听到某知名设计师工程出问题，你去看时间点，通常都发生在农历年前。为什么？因为年前案量大，一旦工作量爆炸，设计师只好去找新的施工队。新的施工队就易出问题，因为不熟嘛，设计师也跑太多场而导致监工质量不佳，甚至根本没好好监工，最后就问题一堆。

为什么我说"好的"设计师可以收贵点，因为他已自己试了多年，通常他们手上的施工队素质也较强，工薪比一般师傅高；放眼市场，好的施工队也几乎都被高档设计师包了，所以我们多付的就当买保险吧！

没时间自己监工又不想花时间研读工法者，还是找设计师比较保险。

找 A 咖设计师的省钱之道

不过以上说的设计师是指 A 咖设计师（在此指素质，不以收费分等级），不同的室内设计师素质差别很大，C 咖也是满街跑。那请 A 咖设计师还有没有比较省钱的方法呢？哈，有的，姥姥网站上卧虎藏龙之士真多，网友们也提供了几种不同的省钱合作方式。

A 方案　只设计公领域

这是网友 Steve 提供的方法。他家 100 平方米，但只付 50 平方米的设计费。50 平方米就是客餐厅、厨房、书房的空间，"公领域是家人与朋友来访时主要待的空间，值得投资设计，但是卧室就只是睡觉而已，并不需要太多装饰，简单的设计我自己来就好。"因为设计费是以面积计价，所以也就省下一半的设计费。

B 方案　先签设计合同就好

这是网友 Ben 的经验谈。他曾装修多个亲朋好友的设计案。他认为先和设计师签设计合约，可以再给自己一段时间，看看自己与对方是否契合。因为很多人在找设计师时，都已经十万火急，很容易识人不清。若设计与工程合约都签下去，非常容易赔了夫人又折兵。

但若只签设计合同，发现彼此不合，这时投入的金额也算少，退场的话不会损失太多老本。

有的人会觉得，设计与工程一起做比较便宜，其实是不一定的。要看设计师的品性，有的嘴上说可有折扣，实际上会在工程部分再赚回来；但是在签合同时可以问设计师，若到时工程包给他，可折价多少。付完设计费后，理论上会拿到各图样与报价单，这时可考虑要不要采用设计公司的施工队。

C 方案　设计与工程分开

这个方法在姥姥网站上引来热烈的讨论。就是设计师出图，你自己再去找施工队。网友的经验是"可省下很多钱"。网友 Stephen 说："我就是这样子搞啊，因为自己可以很清楚地控制工程项目，还可以一家一家比价，找到自己想要的好施工队。"

不过也会遇到些问题：

1. **时间会拖较长**。你必须要很有空，这样才能在寻找施工队的过程中自己好好打点一切。

2. **设计图与现场实际施作有很多地方有出入**。最好房主能懂点工法，设计师要提供清楚做法，施工队要有清楚的指示，不然很容易做了拆，拆了又做，做了又拆，没完没了。

3. **施工队和设计师容易互推责任**。施工队会对房主碎念：这设计师哪里画得不对；然后设计师（若是监工的话）则会对房主抱怨说：这施工队做得不好。房主要有判断的能力，不然伤神又烦人。

4. 自己要有"千山我独行"的心理准备。若设计师不是监工，工程有问题时可能会不理你了，或手机不接，或正好出国玩。

所以，综合网友的经验，买设计图的人应对工程稍有了解，因为可能会接到质量不佳的图样。"有时候不是设计人员的问题，施工队可能觉得很麻烦，会改成自己的做法蒙混过关，这都是在现场真的会发生的状况。"

Stephen 说："施工队并不是看着图就不会有问题。而且监工的人如果不是设计师，每天施工队有各式问题的时候，你就要自己第一时间回复。如果要请设计师来现场看状况回答问题，他可能会酌收车马费。"

另外，你家装修项目最好也不要太复杂，像乡村风那种有许多细节要手工处理的，或要动用到很多种任务的，就不太适合。

网友苏先生表示："毕竟每个工项的牵连不是三言两语就可以解决的，但简单的木工、油漆或是瓦工，如果房主已经非常有想法又看得懂工程图，那自己找施工队是 OK 的。"

设计师画的图一定要非常详细，尺寸、建材规格、工法等都要写清楚，不然日后施工会有很大的问题。最好是设计师讲解图样时，要请施工队以及监工一起跟你去听，若有问题，现场可讨论，设计师也可交待施工队长，要注意哪些手法。

不过，以上是我们面对太乱的设计界而提出的对策。理论上（对，又是理论上），设计与工程分开是最健康的方式，但一般人对装修专业懂得太少，这种分开进行的方式会耗掉房主许多时间，更麻烦的是，有时耗了时间还不一定会有好的结果，这是要采用此法该有的心理准备。

Part 7
4

自己玩设计
到国外找灵感

不管是找施工队还是监工，都要注意工法有没有照报价单上所写的落实，但你付的费用并不包括设计费，所以请不要要求监工出 3D 图、格局配置图或水电图等，这些是设计师的工作。监工也不会帮你挑家具，若你觉得需要图或配家具，就请再付设计费。设计的部分就请自己来，姥姥推荐几个国外网站。我们活在网络时代就有这个好处，有许多很棒的图库网站都可免费看，重点是，装修工程很少很省钱，但格调都很高。

国外家居设计网站	
Apartment therapy	姥姥最常去逛的美国家居网站，里头收集许多超棒的改造个案，也有许多有品位的家。
Pinterest	2010 年成立的 Pinterest，是美国最大的居家装修图库，不只居家空间，也包括衣食住行育乐。
freshome	号称每天有 120 万人次点阅，案子以现代风居多，但选案有时会出包。

全球知名部博客，选的案子也都很棒	
style-files.com	格主为荷兰家居品牌 LeSouk 的老板 Danielle，以现代风与北欧风的设计案为主。
emmas.blogg.se	格主 emma 为专业博客人，专写设计的文章，也出书，以介绍北欧风格的设计案为主。
www.sadecor.co.za	南非的一位女设计师 Marcia Margolius 的部落格，选案范围较广，现代风与乡村风都有。
lamaisondannag.blogspot.fr	现居巴黎的 AnnaG，也是在 Pinterest 上的超人气版主，她喜欢北欧风格的案子。

注：限于版面，更多的参考网站请上姥姥的网站"小院"查询。

丑话先说
让工程顺利进行的 5 大原则

最后不管你找谁，姥姥的建议就是最好找不太熟的人。因为若是朋友，或是谁的谁谁谁，很多话你可能不好意思讲，或不好意思要求，最后只会闹得不欢而散。

许多网友会到姥姥网站上投诉设计师，但我发现很多事都是沟通不良造成的。在此再不怕唠叨地向大家建议 5 大原则：

1. 验收标准在动工前就要说清楚。要找懂工法的朋友帮你，要在动工前找，不要动工后才来放马后炮。

2. 有不满就说，不要"不敢讲"或不好意思讲，闷在心里久了会变火山。

3. 沟通时态度要友善，语气要坚定，不要一副花钱就是大爷的样子，但也不要只会拿青岛啤酒交心或太客气，公事公办最好。

4. 发现一点错，不代表设计师整体都有问题。没有哪件装修案是百分百完美的，好的设计师不是没有错，而是有错就愿意改到好。

5. 达到结果最重要，过程不重要。只要对方愿意把地板敲掉重新换一块，就不必仍执着在对方那一两句不礼貌的话。若是对工法的见解不一，就多问多听或者上姥姥网站来问，看专家如何解盘。

最后我再跟大家讲个法宝，就是要签合同，若真的是设计团队的问题，你尽可以翘着二郎腿、一边修指甲、一边用温柔的声音跟设计师说："这样我不能接受，麻烦你把那个那个弄到好哦！"

重点笔记：

1. 预算真的很紧的，自己花时间练功，去找施工队吧！
2. 对工法没有慧根的人，建议还是请个监工当保险。
3. 想让家里有格调，又懒得做功课的人，可以请设计师，但拜托，找个 A 咖设计师吧。
4. 不管你最后找谁，再去看一下"沟通 5 大原则"，可减少不少纠纷。

要找出核心区

Part 8

让你爱上小空间的好住提案

Partition I

我们要住的家，是个要跟我们自己相处十几二十年的地方，岂不是应该好好想一想该如何安排？这里要谈的不是指要找设计师或不找设计师，也不是跟师傅讨论衣柜要多大；而是房子的格局哪里要大、哪里要小，家具以沙发为主还是大桌为主？一切都是从自己的生活需求出发，而不是套用既有的模式。

真的，好的格局能改变的比你想象的多。

而且好格局也可以省到钱哦，你想想，若家里没客厅，不就可以省下买沙发、做电视墙的费用了吗？家里若通风好、采光佳，又可再省下空调与开灯的电费，何乐而不为？

核心区，家人待得最久的地方
定格局的首要原则

有次帮朋友千颂伊买家具，她原本预定要买客厅、餐厅与卧室的家具，于是姥姥就推荐几家适合的店家。但在沟通的过程中，我跟她讲了我家没有沙发的事，她最后竟也比照我家，不买沙发，把位置给了大餐桌。那笔没买沙发省下的钱，改去买了张很好的椅子（唉，那些名椅一张的价格就可抵一张沙发）。

后来，每回网友问我居家设计首要是什么，我都会跟他们说：定格局。因为格局的思维会影响后续所有的安排，也就是会影响我们花钱的方向。

不是只有三室两厅

姥姥知道定格局不容易，连我家都是改了 4 次才调整到现在稍令人满意的样子，但完美吗？没有。餐柜那区我还不知该如何处理，不过有些观念要先知道了，才有实践的可能。

就像格局不是只有三室两厅而已。

家，原本就应是符合屋主的需求而延伸出客厅、餐厅、卧房等。但现在，在制式格局的洗脑下，对家的想象也已僵化。除了套房屋，每个居家设计想都不想，就开始在平面图中画上客厅、餐厅、卧房、厨房。

一间百平方米大的屋子分成这么多子空间，每间房都小小的，不但不好用，有的甚至 1 年 365 天有 360 天都没用到。

那若不想照着传统三室两厅的规划，要如何定格局呢？我个人只有两个原则：

1. 找出核心区。

2. 把采光通风最好的地方给核心区。

核心区就是家人花最长时间待的空间。我们建筑一个家的最终目的不就是"开开心心与所爱的人住一辈子"？因此与家人共待的地方就是格局规划的重点。

最常见的核心区就是有电视、沙发的客厅。不过这世上人千百种，也有以餐厅当核心区的气质美女（哈哈，

谁说厨房不能当书房？若有一扇采光良好的窗，那就在橱柜中搭个平台，放两张椅子，这里也可以是喝下午茶、看本小书的地方。记住，所有格局都是可以混搭的。（宜家提供）

不好意思，年高德劭的姥姥也是这一派的），或者以卫生间当核心区的名媛贵妇。

任何格局都可混搭

　　也不要以为格局都是单一性质的，客厅就只能是客厅，厨房就只能是厨房。其实所有格局都可以混搭，姥姥自己的家是书房工作室兼餐厅；客厅兼书房的也很多；我想若是厨房里的人类学家，也可以厨房兼书房。

　　请用力打开看格局的视野。唯有如此，你才能真的拥有贴近自己的家。

以客厅当中心
让小孩变聪明的格局设计

目前100平方米以下的小家庭，有八成以上都是以客厅当核心区。若你回到家，与家人吃饭半小时就结束，然后全家习惯窝在沙发看电视2~3个小时直到就寝，这种格局就很适合你家。不过，我们一直都说看电视的

小孩会变笨，到底是真的还是假的？刚好姥姥看到几篇研究报告，很可悲的，答案都是肯定的。

一是发表在《科学新知》杂志，由台湾中研院历史语言研究人类学组（哇，这个头衔看起来就超专业的）

国外的家居，客厅不放电视的比例较高。另也可学学采用灰色调，不做吊顶和主灯，以活动式灯具为光源。（宜家提供）

王道还先生所写。内容是：从美国研究可知电视看得越多，小孩学业表现就越差。

另一篇是德国幼教大师 Winterstein 与 Jungwirth 所做的研究，发现每天看电视超过 3 小时的孩子，画画线条都较简单。

好，不管这些研究可信度多高，若我们想让宝贝聪明一点，看来就得在电视上下点功夫。但目前有八成的小家庭都是以有电视的客厅当核心区，难不成就这样让小孩变笨吗？当然不是。姥姥刚好也生了一个爱电视甚于父母的小孩，因此特别研究了解决之道。

不过先说一下，我并不反对看电视。虽然有些愤青会说客厅这种格局实为"白痴电视教出白痴公民"的始作俑者。但我觉得这不是格局的错，也不是电视的错，而是媒体与个人的问题。说实在的，看电视并不比看书差。

只要是 18 岁以上，都可各自选择自己想看的东西。不过比较麻烦的是，家里有 18 岁以下的小朋友时，因为大脑还没发展出不被节目洗脑的抵抗力，小脑也还没培养出"只看 30 分钟"的自制力，电视就不一定是个好东西了。

如果可以一家人一起看电视，那用客厅当核心区是很好的，不但能增进亲子互动，也可顺便借节目情节来进行教育，电视上五花八门的议题，个个都可以是建立价值观的实例。

不过，若大人没时间陪小孩，或者自己也无自制力，以客厅当核心区的格局是有反作用的，也就是它的确会诱使人去开电视。

姥姥家改格局前就是以客厅为核心区，餐厅要面壁吃饭无法让人久坐，一吃完饭，家人只有两条路可走，一是去客厅，另一个就是回房间。

去客厅，当然就坐在舒服得让人不太想起身的沙发里，然后很奇怪地，右手就会无意识地拿起电视摇控器。不只大人如此，小孩会更夸张。小蹄在幼儿园时，就会看电视超过 2 个小时，他一坐到沙发就自动打开电视，周六日更抱着电视不放，叫他出去走走都不肯。问题大了，我家小蹄变成电视的小孩了。

为了抢回爸妈的地位（不然，怀胎十月不就白辛苦了），再加上科学实验证明看太多电视的小孩会变笨，我展开"消灭电视机"大作战：改格局，把电视搬走（详情可看下一篇），搬到非核心区的起居室，果然他看电视的时间立刻减少许多。

不过也有朋友问姥姥："我们家没办法像你那样改格局，我们就喜欢坐在舒服的沙发上看个闲书，与小孩在沙发上玩耍，沙发可坐可卧可翻滚，但也不想与小孩双双陷入电视的魔障中，你可有解决之道？"

有的，我帮大家整理几招。

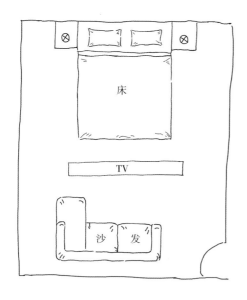

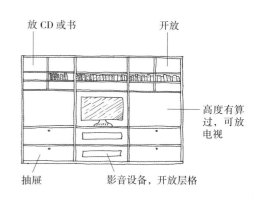

放 CD 或书　　　　开放

高度有算过，可放电视

抽屉　　　影音设备，开放层格

Karrie 家，主卧房中隔出小起居室，把电视放此。

第一，客厅不放电视。

若你常看国外的居家空间，许多客厅是只有沙发没电视的。客厅纯粹是家人聊天游戏的地方，因为"空"的空间比较大，大人小孩还可一起玩耍，对家人感情帮助很大。

但电视若不放客厅，要放在哪呢？我觉得比较好的是放起居室或书房，不建议放餐厅，因为一看电视，饭就无法好好吃，家人就不会谈今天发生的事情，最多就一起骂骂电视里那位没良心的媳妇，对一家人的互动并没有帮助。

第二，放卧房起居间。

但也不是家家都有起居室，那就参考法国朋友 Karrie 的做法，电视放在主卧室（见上图）。一般也常见有人在主卧室内放电视啊，但那多是"第二台电视"，Karrie 不是哦，她家唯一一台电视是放在主卧室内。

不过也不是一般那种放在衣柜内的做法，而是用电视柜当隔间，围出一个类似起居室的空间，放沙发茶几，像缩小版的客厅。

两个小孩要看电视时，就得挤到她房里。Karrie 说："也没什么麻烦，反正我们要睡觉时，小孩不能看电视；小孩要看电视时，我们都清醒着。"

的确也是，睡觉与看电视是两种不会冲突的行为。那把电视放书房或卧房的好处是，一看小孩入房，就知去看电视了，可开始计算时间，超过讲好的时间，就可以请他们出来。

不把电视放在客厅还有个好处，朋友们来家里时，是真的可以坐下来好好聊聊，而不是又打开电视，大家

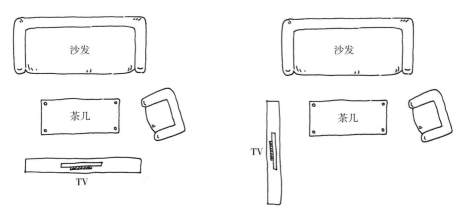

左方是沙发以电视为中心的设计，会增加看电视的欲望；右方将电视放在沙发侧面时，即可降低欲望。

不受电视引诱的摆放方式

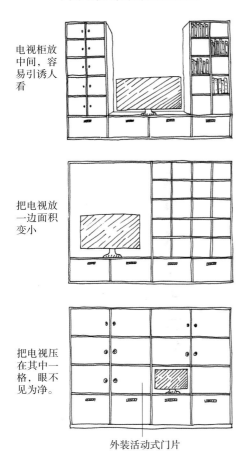

电视柜放中间，容易引诱人看

把电视放一边面积变小

把电视压在其中一格，眼不见为净。

外装活动式门片

都不由自主地盯着屏幕，什么都没聊到。

第三，仍放客厅，但变小或不放沙发正前方。

这是《北欧公寓 DIY》作者 Jens 与建筑师郭英钊的做法。Jens 在日本东京的家就刻意将电视搬到角落去，而不在电视墙的正中间。坐沙发时，视线不会落在电视机上，自然也可减少看电视的欲望。

打造不少绿建筑的郭英钊建筑师自己的家，则是将电视面积缩小。他家的电视墙是一整面书柜，小电视刚好可塞进一格当中，也是不正对沙发。他说："埋在书海里，这样小孩们就不容易看到电视了。"

相对的，我们就要牺牲看 60 英寸大电视的快感。但姥姥觉得，若看大电视失去的感官快乐可以换回小孩的智商，是值得的。

我家没客厅，餐桌为中心

不动土木，只动家具

姥姥家之前也是以客厅当核心区，12年前第一次规划家里时，就照着传统的想法，把家的空间分成客厅、餐厅、书房（兼客房）、卧房、储物间等。我家不大，小小60几平方米，分成这么多区域，自然各区都小小的。客厅是狭长型的，面宽只有3米左右，长却有6米。餐厅也小小的，只能放得下90cm×160cm的小餐桌。

有次去设计师朋友家拜访，朋友采用"没有客厅"的设计，姥姥大为激赏。是啊，为什么一定要有客厅呢？一般人是"在家时"花最长时间看电视，所以格局是客厅为主，但我和老公较少看电视，我们最常做的是已被封为古人才会从事的阅读活动，我也不想再让小蹄抱着电视入睡，所以电视在我家并没有多重要。

既然如此，我决定不再以客厅为核心区。但要以什么来当中心呢？我回想我家的作息：小蹄天天要写功课；姥姥我常常在家工作，需要一张大桌子来堆放九成都用不到的数据；我们都爱吃东西，跟仓鼠一样一天吃4~5餐。

答案出来了。我要以餐桌为核心。于是我把客厅的沙发搬走，电视搬走。这电视原是要被推出去斩了，但考量到看电影需要它，所以最后饶它一命，搬到起居室去。

我家一进门、全家采光最好的地方，我给了餐厅，也兼书房。把原本的小餐桌改成长240cm的大木桌，餐桌兼书桌，再把电视柜改成一整面墙的书柜。

改完格局后，一开始觉得没有沙发，舒适度好像少了很多，实际上也真的少了很多，但是获得的，也多了很多。

家人互动变多了

我们一家人常在这做东做西，尤其是从原本天天"面壁"吃饭（因为之前餐桌得靠墙，总有人要面壁），变成在五星级包厢式的宽阔空间，大家用餐的心情都很好，姥姥煮的饭好像也变好吃了。最重要的收获，是小蹄看电视时间缩短了。他也跟着我们

我家一进门通风采光最好的地方，就是这一张 2.4 米长的大木桌与书柜。

坐在大桌一起看书,一人一个座位,谁也不打扰谁;他在这写功课,我在对面写稿,他在看《墨西哥寻宝记》,我在对面看《边境近境》;他在抱怨老师,我在骂老板;他在要求可不可以买同学都有的PSP时,我会趁机灌输他"贫贱不能移、威武不能屈"的道理。

我们一家人也常在这吵架,打个两圈"大老二",或者各做各的事,但至少都在看得到彼此的地方。

我觉得有张大餐桌,真的很好。尤其适合有小孩的家庭。

所以规划你们家的格局时,先想一下,家人花最长的时间在干什么,再依此来定家里的格局。所有空间都是可以舍去的,没有客厅,没有餐厅,没有厨房,没有卧房,当你不执着于传统格局的配置,你家才真的符合自己的需求。

格局改造大图解　Before

姥姥家的公领域空间剖析

改格局不一定要动工程,我家就是装修好后才变格局的。其实改格局比较像家具总动员,家具位置不同了,空间的功能就会跟着不同。

After ↓

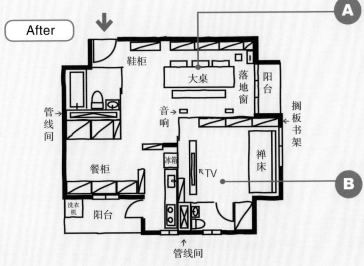

↑ 管线间

A 核心区从沙发变大桌子

我家装修好后,原格局的进门处是一般的客厅,餐厅在角落A1,餐桌靠墙壁,天天是面壁吃饭。后来将客厅的禅床(原当沙发A2)与电视柜搬进书房,买了张长达240cm的大桌子放客厅,把原本只有半面墙的电视柜变成整面墙的书柜。

B 看电视的时间减少

原格局每回吃完饭后就去客厅看电视,电视改放起居室后,大幅减少小孩看电视的欲望。

格 局 改 造 大 图 解

案例解析与照片提供：尤哒唯建筑事务所

以餐桌化解梁柱的魔法

这个案子只有 50 平方米，就因为空间小，为了不让空间看起来局促，建筑师尤哒唯改用家具当主角，以"一张桌子"去解决隔间、机能与使用等问题。这张桌子是分隔客厅、厨房的矮墙，也是用餐的餐桌、书房的书桌、主卧的梳妆台。

Before

A

通风采光更好： 原本格局通风与采光都会受阻 A1 + A2，改造后风与光都可更自由流动。

B

一张桌子界定 4 大空间： 原本的隔墙敲除，舍去传统用墙面隔间的方法，利用原空间正中间的一根柱子 B2 与长桌结合，将空间界定成客厅、厨房、主卧与书房 4 个区域，是相当棒的设计。

C

活动移门灵活空间： 卧室与书房区的架高地板，让空间有了公私的分界。当书房有人来住时，可运用活动移门让卧室与书房各自独立，保有双方的私密。

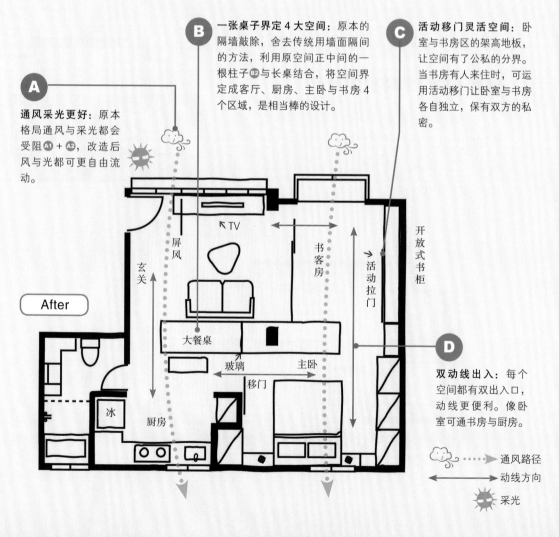

After

D

双动线出入： 每个空间都有双出入口，动线更便利。像卧室可通书房与厨房。

‥‥‥▶ 通风路径

◀──▶ 动线方向

☀ 采光

打掉书房与客厅的隔墙，不只空间感可延伸，通风采光都变好了。

一张桌子成了架构整个房子格局与视线焦点的中心，也身兼餐桌、书桌、梳妆桌等功能。

通透的玻璃隔间搭配窗帘，让4个区域可相互借位，扩大空间感，也可独立使用，保有隐私。

书房❶平时作为主卧空间❷的延续，运用可转弯的移门来隔间❸。

重点笔记：

1. 以大桌子当核心区，较适合不爱看电视的人与有小孩的家庭。
2. 桌子要够大才好用，最好超过180cm，才能兼当餐桌与工作桌。

以和室为中心
小空间轻松放大术

先来定义一下什么叫和室。根据"姥姥字典"的解释，就是"有架高地板"的空间。这里说的和室当核心区，并不是放大和室空间，再搭配客餐厅；而是根本没有客餐厅，用一间大和室囊括客餐厅、书房与客房的功能。

融合客餐厅与书客房

以和室当核心区的好处是，即使是小空间也能拥有最宽阔的公领域。以 60 平方米的家为例，客厅 15 平方米、餐厅 9 平方米、书房 6 平方米，每个空间被分配到的面积都不大。但若全融合成一间大和室，那就是个 30 平方米的豪宅客厅了。那么大的空间用起来当然更舒适。

从更广的角度来看，房子还可从 90 平方米改买 60 平方米就好，光省下的房钱就抵得过整间屋子的装修费，搞不好还可再买一辆奔驰。

与餐厅核心区相比更好的地方，是和室也可兼当客房。棉被铺一铺，家里来了 5~7 位客人一样没有问题。

当然以隐密性而言，和室比客房稍差，但一年 365 天，借住只有 10 天不到，这个和室却是平常就"频繁"使用，空间利用率自然高多了。

家里以和室当核心区的高先生说，家人就在这一起吃饭、看书、上网、听音乐、看电视，彼此的互动更好。

但要能发挥多功能的特色得有两个条件：

一要有张大桌子。他家是采用实木做成的大桌，长度超过 180cm，高先生说："不仅质感好，吃饭、工作都可在同一地方完成。"

二是空间要够大。因为大桌子无法再收起来，所以扣掉桌子的空间后还要有地方可睡觉，不然就无法兼客房。

没有沙发较不舒适

那和室核心区有没有缺点呢？住了 6 年的高先生说："没有沙发，比较不好坐。"和室的木地板比较硬，若只放一个坐垫，背部无支撑，一般人是无法久坐的。所以要搭配买"有靠背的和室椅",不过仍无法达到"三人座沙发"那种可坐、可卧、可翻转的舒适感。

另外核心区的和室无法长时间当客房,会影响到主人家的日常生活。若是老人家动不动就来住好几天的,最好还是要另备客房。

整体而言,高先生相当推荐这种放大和室当核心区的格局,以下我们就来看看他家的格局。

以和室为核心区的好处是,小房也能有大大的客餐厅。

格 局 改 造 大 图 解

案例解析与照片提供：红屋住宅

可独享也可众乐的大和室

　　房主高先生从 87 平方米的房子换到 69 平方米，想保留原本房子的各项功能，却又不想每个空间都小小的，就采用以和室为主的格局。他说，改格局后真的还不错，一个大和室包办了一家人主要的生活活动，住在宽阔的空间也更舒适。

Before

After

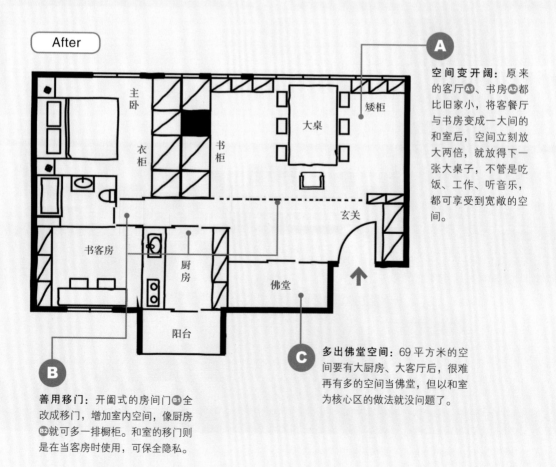

A

空间变开阔：原来的客厅A1、书房A2都比旧家小，将客餐厅与书房变成一大间的和室后，空间立刻放大两倍，就放得下一张大桌子，不管是吃饭、工作、听音乐，都可享受到宽敞的空间。

B

善用移门：开阖式的房间门B1全改成移门，增加室内空间，像厨房B2就可多一排橱柜。和室的移门则是在当客房时使用，可保全隐私。

C

多出佛堂空间：69 平方米的空间要有大厨房、大客厅后，很难再有多的空间当佛堂，但以和室为核心区的做法就没问题了。

原本开窗就会看到对面邻居，于是做了双层窗。外层是气密性佳的铝窗，内层再加格子窗遮蔽视线。

这间大和室附有移门，若当客房使用时可拉起。

房门皆用宣纸移门，透光好，也省开门的空间。

以和室当核心区后，就多出佛堂的空间。

空间不够，主卧室优先缩小

仅留 2 平方米大卧室的朱宅

客厅大点，浴室小点；餐厅大点，卧室小点……我们在决定家中格局大小时，也正看着自己想过的生活。

核心区决定后，姥姥一直说要有较大的空间，宽敞舒适的空间家人也会长待于此。但房子就是 60 平方米的，要从哪里偷地方给核心区呢？在比较过客厅、餐厅、厨房、卫生间、卧房等一轮后，姥姥建议从"主卧室"砍起，因为那是可以只剩睡觉功能的地方。

姥姥年纪虽一把了，但还好媒体圈内年轻人多。有位娶了"董小姐"很想在家有个草原的年轻朋友，在装修时来请教我的意见。一听到姥姥说先砍主卧室的空间，老大不愿意地说："姥姥，我太太从小梦想就是有间大大的房间。"

我知道，我也结过婚啊，当年买了人生第一栋房子，除了莫名开心地踏入年年还款的炼狱之外，另一个就

临窗的好位置，不一定要做木作卧榻，放张贵妃型沙发也很好，可当个人居心地。

沙发不靠墙，用沙发与地毯划出客厅的领域。

茶几一分为二，不同位置的坐椅都有最靠近的茶几，手不必再伸长去放茶杯。

开放式格局可用家具来定出空间功能。宜家的设计有许多突破传统的点可学习。（宜家提供）

是莫名开心地踏入自己的卧室。但经过20年后，真的，卧室是最不需要空间的地方。

幻想有大卧室，多因我们是小孩时，自己的房间太小，总觉得闷；但当你是房子的主人时，客厅是你的，书房是你的，厨房、餐厅都是你的，不再是爸妈的了，要看书上网聊天都可在客餐厅书房进行，是的，你们的草原就在客餐厅，不用再"躲"到房里。卧室若只剩睡觉的功能，当然空间就不必太大。

不相信吗？我们来看花艺师朱永安的家。他将卧室面积减到最小，只比150cm×180cm的双人床大一点。

"我家室内面积大约是75平方米，但我想要间独立书房，若不改格局，一定每间都小小的，会很压抑。所以我们最后将18平方米的主卧室，缩小到6~7平方米大。"朱永安说，卧室变小后，生活并没有什么很大的差别。除了睡觉以外，之前在卧室要做什么，在别的空间都做得到。

"看书，就在客厅或书房看就好。卧室很纯粹就是睡觉的地方，而睡觉不就是只要床的大小而已吗？太大反而没用，不必浪费空间。我们之前也担心会不会空间太小睡不好，装修好两年多，我跟你讲，不会。"

卧室空间好像变小了，但住起来并不会觉得小。因为采用玻璃移门隔间，平日打开，空间可向客厅、餐厅延伸，卧室就可以变得很大；睡觉时或有客人来访时，拉上遮光布幔，就有安全感，也顾到了隐私。

但缺点是没有隔音功能，不过朱永安觉得，这点还能接受："我只有一个小孩，小孩睡在隔壁房，若有动静，能听到小孩的声音，也比较放心。"

从朱永安的经验可知，其实不必担心室内空间变小，空间要看你怎么设计与使用。卧室虽然变小，但他们反而觉得家变大了。我想，这就是室内设计的奥妙吧。

开放式设计 也能放大空间

万一天不从人愿，不管怎么压缩其他空间，屋内就这么小，那不妨考虑采用开放式的设计，也就是不隔间。这种开放式的设计除了可省下做墙的钱，还有个好处：方便我们移换家具位置。

毕竟我们会变老，小孩会长大，10年后的生活模式跟现在绝不会一样。到时核心区可能就会从沙发变成餐桌，这时要改格局，只需搬一下家具就好，不必再动土木工程来打墙。

所以公领域少隔间，尽量做开放式格局，是现在很流行的做法。没了墙，就用家具或柜子去区分空间功能。IKEA宜家目录上满满是这种格局，大家可参考看看。

不过开放式格局也有缺点，就是无法隔音，没有隐私，空调效果也较不好，还有厨房的油烟味会到客厅来，后两者目前多数用移门来解决。

格局改造实例

案例解析：花艺师朱永安

禅意与绿意萦绕的桃花源

朱永安跟太太的生活离不开花花草草，从买屋开始就要求一定要有阳台。原本阳台才3平方米，在第2次装修改造中，他们决定扩大空间。但阳台往内延伸势必减少室内面积，于是他们将18平方米的主卧，缩小到6~7平方米大，多出的空间给了阳台与书房。

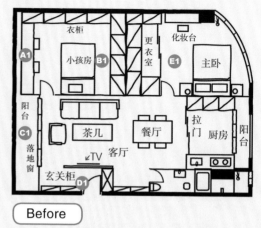

Before

E 卧室空间大幅缩小E1，把空间给阳台与书房。

A 原本这里的阳台不能走人A1，往内缩后变成可以行走的小径。

B 夏天时，风从客厅进，冬天时风从厨房进。改了格局后，大幅减少横向的隔墙B1，采用开放设计，让风更能通行无阻。

C 原阳台较小C1，改造后向内缩，扩大空间。与阳台相连的客厅、书房全改成玻璃墙，让绿意能向室内延伸。

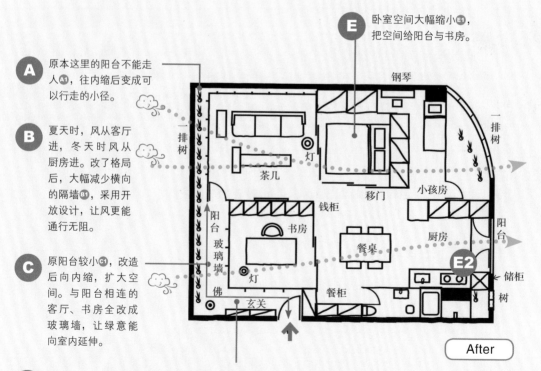

After

D 不只阳台，玄关D1也改成室外空间，与阳台连成一气。原本开门就是室内，改造后回家要先走一小段，经过绿意阳台才能入室。这段路有洗涤心灵的功能，将尘世的烦忧都留在门外。相当棒的设计。

通风路径
动线方向

朱永安在二次改造时，将阳台内缩，扩大面积。

阳台往内又开出一条小径❶，地上铺上鹅卵石，侧面以格栅做墙面❷，让对面的人看不进屋内，保有隐私。

书房外即是阳台，一片绿意，也飘落一片诗意。

新改造的格局是打掉所有隔墙后重新规划。客厅、餐厅、书房采用开放空间，通风更好。

主卧室改到房子的中间，从大卧室变成只有一张双人床大小的房间。

卧室由移门当隔间。移门一开，卧室也就能拥有宽阔视野。床底下为收纳格式的架高地板。

为格局做定位（一）

Part 8
6

通风，打造好屋子的第一要素

决定好你的核心区后，就要开始规划核心区要放在哪一个区域了。还记得那第 101 条原则吗？把通风采光最好的地方留给核心区！

先来谈通风。

引风的
6 大要诀

有风自来，夏天也很惬意！

风的特性就是"生性爱自由"，在广阔的大地遇到大楼时，一定会进屋玩玩。也就是风会找你家的进风口与出风口，以通过大楼。因此，那风从进到出的路线，就叫作"通风路径"。所以要通风好，第一要务是找出你家的进风口与出风口在哪。

Point 1　找出通风路径

怎么测通风路径？很简单，好几位建筑师都讲过：在窗口拿张小纸片，看纸片往内或往外，就可知这面窗是出风口还是进风口。

大家应都上过中学的地理课，夏天吹南风冬天吹北风，不过，你家不一定是这个风向。

建筑师尤哒唯表示，每栋建筑物的风向受小环境的影响更大。像姥姥家客厅是面东南，厨房是面西北。理论上客厅在夏天时为进风口，厨房是出风口，冬天则两者颠倒，但实际上却不是这样。

因为我住的大楼高达 19 层，隔壁也是 19 层大楼，两者之间只有 4 米多的栋距，这种大楼间的狭道会引风，这种风风速还不小，建筑学上给这种风很多名字，如大楼风、峡谷风、建筑风等。但不管它叫什么风，这种风就让我家风向自成一格。

我家是东南面开窗的墙，不管夏天冬天都是进风口，出风口则在西北面的墙。不过，有时西北面的墙也会变成进风口。所以每个家都会有自己的状况，根据具体情况找出你家的通风路径吧！

左边的横拉窗开口大，1/2 墙面可通风，这种较佳。右边的只有 1/3 面积可通风。

Point 2 进风口与出风口成对角线更好

通风最常见的误区，就是以为开窗就会通风。错了，若只开一个窗，风只能进来出不去，它就不会动，就不会有风。通风，一定要让风有进有出。

所以每个空间不管是客厅、餐厅、卧室、厨房、卫生间等，都要有个进风口与出风口，这样才能通风。

进风口与出风口要在不同面向的墙上，风口可以是门或窗，或有开洞的墙。许多房子只有单面有窗，这时也可用大门当另一侧的风口。但大门又得兼顾防盗与隔音，这时可做双层门，外层用纱门，即可通风。需要隐私时，再关内层门。

风口的位置要高低错落，能成对角线更好，如此风在你家走的距离愈远，通风效果愈好。红屋住宅设计总监谢东兴表示，因夏季最需通风，因此进风口开在夏风的风向为佳，虽然风向不定，但只要看大多时候吹什么风即可。

外推式的窗户可引风。但窗板要开到 90 度，引风效果才好。

Point 3 开窗面积要大，外推窗尤佳

进风口的门或窗开口愈大愈好。因为通风是看进风的"量"，但现在许多建案的配窗大是很大，但真正可以让风进来的部分却少得可怜。

这种不好的窗却有个好听的名字，叫观景窗。一面长 3 米的大面窗，只有两侧加起来不到 1 米宽的窗户可打开，这种面宽，就算风神从前面通过都不会发现这里有开窗，因此进风量根本不够。

在配铝门窗时，要找开口大的。像横式推拉窗至少要有 1/2 面积可开，整个可外推的窗子更好，因为外推型的窗还有引风进屋的功能。

Point 4 设计气窗

建筑人刘嘉骅也建议，最好再设计几扇气窗，当外头下雨时或者室内

开空调时，即使主窗紧闭，气窗仍有调节空气的功能（不过前提是窗外是新鲜空气）。气窗可设在窗或门上，根据冷空气下降、热空气上升的自然原理，多半外墙窗的气窗会设计在下方（或上下都做），室内墙或室内门的气窗会设计在上方。

气窗一般会加装百叶及纱窗，百叶可调整角度来控制进风量。春天时要迎接像爱人亲吻的春风，百叶就可开大点；不过冬天刺骨的寒风、夏天的热风都可从爱人变仇人，此时百叶窗就可关小点。

Point 5　核心区放进风口，厨房放出风口

核心区要放在进风口处，厨房与卫生间易有臭味或油烟，要安排在出风口处，那些味道才不会回流到你最常待的地方。但若厨房与卫生间就刚好在进风口处怎么办呢？建筑师尤哒唯表示，只要在窗口加装排风扇即可

观景窗最好上下都加气窗，要记得附防蚊纱窗。（红屋住宅提供）

墙上与室内门上方都可加装气窗（红圈处）。因热空气会上升，气窗装在上方可引导热风出去。（红屋住宅提供）

改变风向。

但要注意，此面墙其他的窗口或门都要关好或封好，这样排风扇才能变成出风口，不然风会从其他开口进入，仍无法创造出风口的功能。

另外，有的空间可能所有风口都是进风口或出风口，这时也可以加装风扇来改变其中一面墙的风向。核心区的定位也必须考虑到周遭小环境。如有时进风口的对面就是排放废气的工厂，若核心区在此，只会愈待愈难过而已；或者进风口是后阳台，对面的风景不好，天天看邻居晒衣服，也是愈瞄愈火大。

同样的，即使是出风口，但景观与外面空气较好，也可以用出风口当核心区，只是就得靠后天的设备去改变风向了（姥姥 OS：当然最根本的解决之道，是不要买这种房子。）

Point 6　隔间墙最好与风径平行

风进来后，若迎面就撞上隔墙，它当场就会昏倒，更别谈在你家跑来跑去形成舒爽的微风了。

所以隔墙最好与风径平行，就不会挡到风。但一个百平方米的居家难免会有几面墙与风向垂直，这时就可在墙上开窗或开门，让风通过。

当通风路径从东南西北不同方向跑来跑去时，格局要怎样"顺风而建"？怎么设计才能让风顺畅无阻？这真的就是学问啦，也是为什么要付设计费的原因。

姥姥觉得请设计师的价值就在这里，帮我们调整屋子的体质，而不是帮屋子化妆而已。但有多少屋主会跟设计师谈通风采光，或有多少设计师会去谈这个问题？我真心希望读者看完这本书后，能改变一下，先把风格与外表放下吧，当设计师在看现场时，要多问对通风格局的建议（当然前提是这位设计师也懂通风）。

对抗雾霾用这招

姥姥在谈通风时，很多读者问：若雾霾很严重时，怎么办？还有家住大马路旁，户外空气很脏，该怎么办？

嗯嗯，通风的前提是外在环境的空气质量是不错的，若空气质量不好，自然不能窗户大开，把脏空气引进家里。

这时除了紧闭窗户以外，还是得靠设备机器解决，也就是安装新风系统（也称 24 小时换气机），这种机器很像空调，有进风口与出风口，在进风口处有滤网，能把脏空气变成干净空气后，再送进屋。

要注意的是，若是想过滤霾害，一定要选有"过滤 PM2.5"功能的滤网，并且至少要两层滤网（有时会需要 3 层），前面第 1 层为粗过滤网，后面第 2 层才是细过滤网；因为能过滤 PM2.5 的滤网孔非常小（不到 2.5u），若没有粗过滤网先把大颗粒的尘砂滤掉，尘砂很快就会塞满该滤网，又没换的话，有过滤就跟没过滤差不多了。

再来 PM2.5 的滤网比较贵，粗滤网较便宜，所以有片粗滤网就可延长 PM2.5 滤网的使用年限。

新风系统是种换气的机器，能让房子内保持清新空气，但要质疑的是："到底室内换了多少气体？"或者"室内二氧化碳浓度在使用后是多少？"以上两个数据能看出这机器有没有用，不然装了换气机，室内二氧化碳浓度还是很高的话，也没意义了。因此新风系统要同步安装二氧化碳检测仪，才能确保有足够的换气量，才知道钱花的有没有价值。尤其是使用 PM2.5 的滤网，因为孔太小，换气量会变小，选机型时不能单以空间大小来选，有时会需要再升一等级。因此安装前，跟厂商确认能有多少换气量是必要的。

格局改造实例

案例解析与照片提供：尤哒唯建筑师事务所

3 种格局的通风规划

当风向不同时，要如何改格局呢？姥姥调了几间地产商的户型图，请尤哒唯建筑师来改造。但先声明，此改造只考虑风向，不考虑周遭小环境的变数。

格局 1

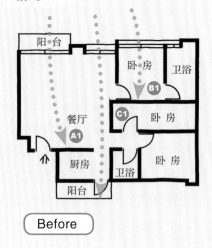

Before

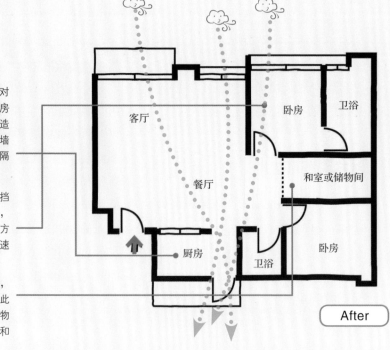

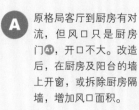

A 原格局客厅到厨房有对流，但风口只是厨房门**A1**，开口不大。改造后，在厨房及阳台的墙上开窗，或拆除厨房隔墙，增加风口面积。

B 原卧室的风会被墙阻挡**B1**。可将卧室门转向，改与风行路径同一方向，加速风流动的速度。

C 中间卧室向后退缩**C1**，让出空间给风通过。此房为暗房，可当储物间，或改为开放式和室。

After

格局 2

主卧 | 客厅 | 书房
浴室 | 餐厅 | A1
浴室 | 卧房 | 厨房
卧房

Before

若隔墙与风向垂直时，可以在墙上开窗，就不会挡到风的路径了。

A 原格局通风算可以，有3条通风路径。可惜的是书房的房门出风口较小 A1，可将隔墙拆除，增加风口也放大空间。

After

主卧
浴室
浴室
卧房
① ② ③ 卧房 厨房

通风路径

C 若房间数足够，此房可改和室，将门改开口较大的移门。

B 厨房隔墙可拆除改中岛、不封墙，扩大风口。

格局 3

Before

通风问题：

风进入客厅后，要转弯从厨房出，但厨房门与卧房门的开口不大，通风路径受阻。

改善方法：

A 减少封闭墙面风阻或配置半高家具，增加空气流动空间。

B 此房也是进风口。若房间数足够，可改成开放空间。

🌬️ ‥‥‥‥▶ 通风路径

改造提案 1：当核心区在进风口处

建议将核心区扩大成开放空间，增加风流动的风口。

B 打掉"三卧"一房，以一张大桌给书房、餐桌。再创造一条新的通风路径。

A 厨房与衣物间墙退缩。空间给公领域。

改造提案 2：当核心区在出风口处

若通风路径为厨房进客厅出，则整个格局也得跟着改变。

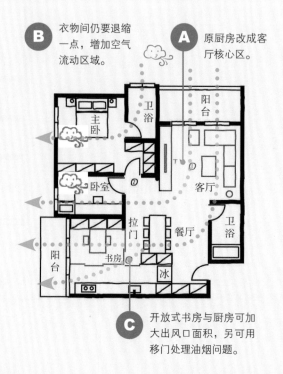

B 衣物间仍要退缩一点，增加空气流动区域。

A 原厨房改成客厅核心区。

C 开放式书房与厨房可加大出风口面积，另可用移门处理油烟问题。

格局改造实例

案例解析与照片提供：红屋住宅负责人谢东兴

风之屋：格栅设计，让屋里流溢柔和气流

谢东兴说："台北气候湿热，房子又多是易蓄热的钢筋水泥建成，夏季热到受不了，只好开空调，但开空调又制造热气，是恶性循环。为了证明好的通风可以减少湿热的问题，我在自宅加了许多通风设计，这几年住下来，不但很少开空调，还能吹到自然风，真的是健康又舒适。"

解析：3 大通风设计

1 外墙： 大面开窗，或辅以百叶气窗，好引风入室。

❶大门采格栅设计，增加进风量。外墙上再增设百叶窗。❷内门是实木大门，关起来时会挡风；因此玄关墙也用木格栅设计，让风能从格栅透过，直达客厅后方的大窗。这样风就能在家对流。❸百叶窗附纱窗，可挡蚊虫。叶片可调整角度，就可视屋外气候调节进风量。❹横拉窗可开 1/2 的面积，进风量较大。书桌下的小柜柜门与背板皆有钻透气孔，可减少阻风的面积。

2 室内：每间房都有设计进风口与出风口，并减少隔间，增强空间通透性。若有隔间需求，改用"透空实木格栅"，让风通行无阻，也能遮蔽视线。除了当隔墙，也可当鞋柜门、衣柜门等。

单层格栅还是会让人看到对面空间，若想完全遮掩，可做双层格栅。双层格栅中间仍有空隙，风可穿透，但视线就被挡住了。

木格栅能让风自由穿透，除了当隔墙❶，也可当展示柜的背板❷，可以延伸风的路径。

这是移门与柜体结合的做法❶。格栅当衣柜柜门好处是可通风，也不易让人看到里头的衣物。缺点就是会招尘，不好清理。另外，柜体兼当隔墙❷，可省下做墙的费用；缺点就是隔音不好，上方也会积尘。

3 楼梯：楼梯间变成通风塔，引空气上升。

楼梯是很好的引风设备。因为热空气会上升，只要有出口，风就会自然往上。上层形成负压后，底层户外的风又会流进室内，可带动室内的风动。

Part 8
7

为格局做定位（二）
引光的 4 大对策

采光与通风常常是一体两面，通风好的房子，开窗面积大，相对阳光进屋量也大，不过也有通风好、采光不好的情况，例如阳光被对面大楼挡住，或者是只有前后采光的狭长型街屋。

姥姥平常看书最讨厌的事，就是翻到最后一页才发现整本书都没有我想看的。关于采光，因为会涉及外墙变更，姥姥不想浪费大家时间，我先说下不必看这节内容的读者：

和室没有对外窗，采光很不好。改用玻璃移门当隔间，让光线可延伸入室。（尤哒唯设计）

透光不透景的日制宣纸，也很适合用在需要遮挡视线的地方。（红屋住宅）

第一，你家有非常尽心尽力的管理会，而且规定不能变更大楼外观者。

第二，你家对面有大楼会挡到阳光，而你无力叫公家单位去拆那栋大楼者。

以上两大族群麻烦跳过这章，还没有买房子的人则可参考，千万别买这种无力回天的房子。

除此之外，其他人都好商量，什么烂采光的房子都可经由装修妙手回春。

Point 1　加大开窗面积，但要做隔热

第一步，当然就是让光进屋。所以外墙的开窗面积要够大，采光才会好。窗体面积不大的，可以切外墙将窗扩大（前提是不影响结构安全）。

但你别看"阳光"长得高富帅，就忍不住邀他同居。光也有"好光"跟"坏光"之分；西晒的阳光就要小心，它属于坏光，让大量西晒光进屋就像引狼入室，会热死人；若采光足够的话，尽量西面不要开窗，或开小窗即可（卫生间除外）。

但有时人在江湖，身不由己。若真的要在西晒面开大窗者，请务必再看一下隔热篇。

Point 2　用透光建材，延伸光照距离

阳光进屋后，要让它照得远一点。如果你的房子当中有完全照不到光的暗房，或者是老小区常见的长形街屋，只有前后两面采光，房子又长达6米，这时都只好向隔壁房借光。

借光大多是用玻璃等透光建材当隔墙。不过光透入的同时，往往得牺牲隐私。可以加装挂帘，若有需要独处或做见不得人的事时，可以放下帘子挡挡光。

房子中的暗房可
设计成储物间或
卫生间，再用玻
璃窗引进光线。
需要隐私之处可
加窗帘。（尤哒
唯设计）

Point 3　暗房可当储物间或卫生间

　　没钱的我们非常可能买到采光不
是很好的房子，有时一切都改善了，
家里就是有地方晒不到太阳，这时可
把暗房（在此指没有窗、采光不良的
房间）规划成储物间或卫生间等格局。
这些空间用不到光，人也不常去，暗
暗的亦无妨。

　　那卧室也能当暗房吗？那要看你
在卧房会从事什么活动。

　　卧室是比较要求通风的地方，可
以减少寝具衣物等发霉，也对小孩的
呼吸道系统较好。

　　通风好，开窗大，通常采光就好。

　　不过，若卧房只有睡觉的功能，
的确，采光不必太好。太明亮反而成
为困扰，还得用窗帘遮光以免早上被

晒醒。所以若你家有面墙的采光被对
街大楼挡住了，那面墙的地方可以规
划成卧房。

　　但如果你习惯白天在卧房看书、
上网打电动，或在卧房喝下午茶，白
天的采光就很重要了，就不适合当暗
房了。

Point 4　把采光最佳处划给核心区

　　采光最好的地方，当然要给核心
区。因为人在自然光的环境中，心情
就会很好，想赖着不走。身为家庭主
妇的我们就不必天天对小孩喊："你
在房间里干什么啦？为什么不出来？
作业写了没？出来吃饭啦！"骂小孩
的次数少了，我想小孩就会认为我们
是全世界最像天使的妈妈了，这不是
白白赚到了吗？

格 局 改 造 大 图 解

案例解析与照片提供：PMK 设计

日光宅：打通厨、客房，提升光感与空间机能

　　此案原本的客餐厅属长型空间，餐厅处较暗、采光不足，客厅旁的小房间，门后也有块不好用的空间。设计师 Kevin 将两面墙打掉，不仅采光变好，空间也开阔了。

Before

A 这房子核心区为客厅，原格局只有一面采光，通风也不是很好，会被墙挡到。分别打掉厨房与客房的一面墙之后，扩大了开口，不仅让空间变得宽阔，通风与采光也同步改善了。

打掉一面墙后，客厅核心区采光更好。

厨房改成开放式，让采光向餐厅延伸。

After

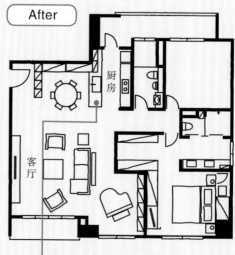

B 原为一字形的厨房变成中岛形，用中岛兼当隔间，一来可打开空间，二来可扩大料理台的面积。

为格局做定位（三）
进门处不等于客厅

弄清楚家里的通风路径与采光分布后，就可以来定格局了。把通风采光最好的地方给核心区，这样住起来就会很舒服，也能增进家人间的互动。不过，我在造访过上千间住宅后，发现八成的居家都不是这样定位的，而是看大门开在哪，核心区就认命地待在这里（十户有九户都是客厅），根本没有考虑采光与通风是否合适。

姥姥了解，大家都很习惯一开门就要进入客厅。我猜想，如果设计师把你家客厅画在房子尾端，这种格局搞不好会被你当成失败中的失败！

可是吊诡的是，若你家以客厅为核心区，通风与采光最好、最美的空间又是离门最远的地方，不就应该画出客厅在尾端的设计吗？

请记得，一进门就看到客厅的格局，绝不是绝对的真理！姥姥很喜欢罗伯特·弗兰兹（Robert Fritz）说过的话："若你限制自己知的可能，你所追求的就不是自己真正的理想，而只是妥协罢了。"

"可是姥姥，我看一百本书，有九十九本还是只看到开门就是客厅的格局平面图啊！"唉唉，是啊，翻开家居介绍格局的书，几乎都是进门处就是客厅，且多半把公领域和私领域各划一边。

这种格局不是不好，若能搭配良好的通风采光，反而是最棒、最至高无上的境界。

定格局的要与不要

不过不是每个人的家都那么好命，也不是每个建商都那么贴心，把通风采光最好的地方规划在进门处。所以，姥姥找了几个不同格局给大家参考，看看当客餐厅不紧邻进门处时，还可以有哪些做法。

先有个概念：大部分格局分配都无法百分百完美，当你希望把客厅规划在采光最好的地方，可能厨房就得靠近进门处了，也可能卫浴会距离卧房较远。一切就得看居住者认为"什么是最优先的"。

格局规划，就和人生一样，必须有所取舍。

格 局 改 造 大 图 解

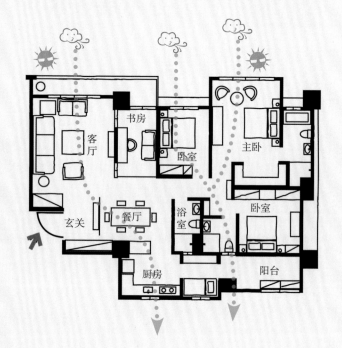

通风路径

采光

1 【格局类型】最正的格
局，客餐厅一区，卧室
一区。三面采光，通风
良好。

一进门是玄关与公领域，核心
区客餐厅在通风与采光都好
的位置；私领域的卧室则集中
在远离大门的另一端，可享有
宁静。

书房

客厅

卧室

主卧

浴室

卧室

玄关

餐厅

厨房

阳台

格局定位12心法：

1. 通风与采光最好的地方，给家人会待最久的核心区。

2. 核心区在进风口，厨房卫生间在出风口。

3. 客餐厅厨房为公领域，卧室为私领域，最好一边一国，私领域可减少被干扰。

4. 餐厅与厨房距离近点，上菜较方便。

5. 尽量减少无功能性的走廊。

6. 马桶最好离客厅别太近，有外人来时，可顾到隐私。

7. 采光不好的暗房，可当储物间或卫生间。

8. 卫生间的设备如马桶、浴缸、洗脸台等可各自独立。

9. 最好设计个玄关，可以转换从工作到回家的心情。

10. 找个储物间，会比3个柜子好用。

11. 不常用的客房，要善用移门设计。

12. 以上除了第一条，其他都可权宜实施。

②【格局类型】与第一种完全相反，核心区在离门最远处。前后两面采光，通风为上下向。

一进门就是长长的走廊，卧室离门最近，客厅离门最远。这种格局在日本非常常见。为什么这样设计？一来跟建商的大楼规划有关，二来是离门最远的地方不仅采光好，还有阳台，幸运的是还有风景，当然核心区的客厅就在离门最远处。再搭配公领域集中一区的原则，卧室等私领域就变成在进门处了。

③【格局类型】进门后先经餐厅或厨房，再到客厅。前后两面采光，通风路径左右向。

④【格局类型】54平方米公寓，一室两厅。前后两面采光，通风路径上下向。

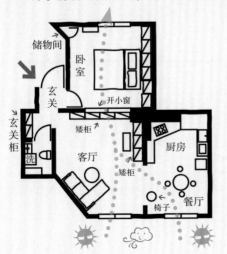

因为通风与采光最好的地方是在阳台旁，先决定核心区在此，即使无法一开门就到核心区也没关系。但建议一进门之处，把玄关墙设在左手边，这样入门就会先进玄关，而不会觉得是先进餐厅。

这是瑞典的房子，54平方米只规划1室，所以有个大厨房。进门处是玄关，玄关后方就是小小的卫生间。这个格局中卧室与客厅中间的墙原本阻挡了风的路径，但墙上开窗，就可让风通过了。

5 【格局类型】卧室与客厅融合。左侧单面采光，通风较差。

这是美国的一间套房格局，空间只有30平方米左右，核心区就直接将客厅与卧室二合一。但建议在大门入口处加道屏风，形成玄关；另外，沙发可以转向，改放在床尾，面向窗户，就能区隔出两个空间。

6 【格局类型】阳台内缩。前后两面采光，通风路径上下向。

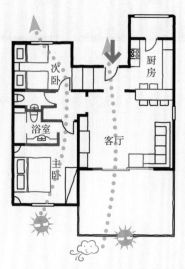

这是一个西班牙人的家，阳台内缩后几乎与客厅差不多大。公领域在右边，私领域在左边，左方中间暗房规划成卫浴。厨房只好放在进门处了，这也没什么不好，现代厨具都很漂亮，当开放式空间也是 OK 的。

7 【格局类型】两室两厅两卫，中间走道打造成厨房。前后两面采光，通风是左右向。

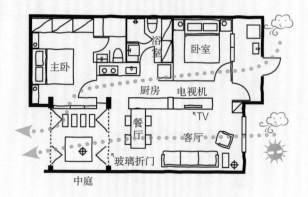

这个厨房格局设计真是厉害。原本是从客餐厅过渡到卧室的走廊，但向卫生间借点空间后，就有了厨房。中间的柜子也刚好以梁柱为界，一边当电视柜，另一边当橱柜。这房子有个中庭，可自行造景，核心区的客餐厅与主卧面向中庭这面墙，皆采用玻璃折门，不但加大进风量，也让居住者有风景可赏。

（尤哒唯建筑师）

8 【格局类型】厨房在正中间，其他空间围绕一圈。两面采光，通风左右向。

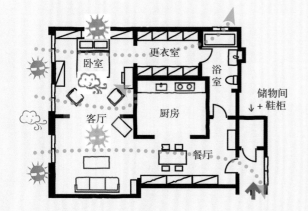

严格说是两面采光，这建筑外墙较厚，采深凹窗设计，隔热效果较好。但通风不好，若左侧进风，右侧出口太小。这种格局在国内较少见，厨房在中间，且客餐厅是开放式空间，连卧室也与客厅采取开放空间，没有门，只有用布幔相隔。每个空间都有双出口，动线的流动性很好，但相对地也较无隐私。

9 【格局类型】两室两厅一书房。两面采光，通风为上方进，左方出。

会选这个案子，是想让大家看看"家具不一定要正摆"。有时因应格局，斜摆也是很好的，此屋就摆得非常漂亮，沙发不会挡到进卫生间的动线，又可望向餐厅、厨房，很棒。

······▶ 通风路径

☀ 采光

重点笔记：

1. 拿张纸片，测出你家的进风口与出风口。

2. 通风路径设计原则：让风从进风口进来后，可以一直跑到距离最远的出风口。

3. 若隔墙挡到路径，可加大房门、墙上开窗或装气窗，让风通过。

4. 加大开窗引光时，要同步注意隔热。室内则可多用玻璃等透光建材，让光线照得更远。

要做好格局

玩出空间趣味，保有隐私堡垒

Partition 2

美国有部老电影、尼古拉斯·凯奇演的《扭转奇迹》（*The Family Man*），他靠天使帮忙才尝试过了不一样的人生。我们要遇到天使的概率太低，但还好，只要改变一下家里的格局，将原本次要的空间放大后，我们就可以过过不一样的日子。

Part 9 / 1 留个居心地
不会被打扰的私己角落

我一直觉得买个 100 平方米的房子，就是为了那个 1 平方米的居心地。

居心地，简单地说就是能帮助自己的心安静下来的地方。姥姥最早是在谈禅修的书中看到这样的建议，教人在家找块清净地，不易被打扰的地方来静坐。后来在日本设计师中村好文的书《住宅读本》也看到类似的概念，日文叫"居心地"，倒顶传神。中村好文对居家有很细腻的体悟，是我个人很佩服的一位设计师。他说：

"每个家里必须拥有一个培育自己的梦的地方，一个能够独自一人毫无牵挂地沉溺于梦想的珍贵空间，我想，在享受居住的欢愉中，

是一件极重要的事。"

我非常认同。我们一般人在规划格局时，只会想到客厅放哪、卧室不要西晒、厨房要开放式设计，但很少有人会留个地方给自己。

1 平方米大之地即可

怎么规划"居心地"呢？其实也不一定是个房间，它可以是张椅子，可以是沙发一角，也可以是块面窗的窗台，或面壁的 1 平方米大地板，甚至柜子里的小空间（对，多啦 A 梦式的居心地），只要能坐下来即可，这样才待得久。但最好不要是床，以免一躺上去就想睡，也得是个可以独处的地方，不会被家人打扰到。

我自己的居心地有两个地方。一在阳台，有一几一椅，嗯，为什么不是一几二椅？理由很简单：空间太小，只有 2 平方米左右。但这样的局限正好，一人可独享家中视野最宽阔的地方。

另个居心地，是睡床旁木地板上的一个坐垫，60cm×60cm。看起来很小，

在日本家庭中，自有一方天地的茶室，也可当居心地。

在家里找个居心地，来观看自己的心。人生有许多事，还是得靠自己跟自己协商。

一张沙发，也是居心地。

但闭上眼睛，空间就变得很大。我在这静坐，观呼吸，看着念头升起，看着念头过去。只是看着念头就好，不要随着念头下去。把心稳下来，不必想太多，也不必让自己什么都不必想，因为愈是不想，反而会想更多的。

空间要干净，不能太杂乱，不然心就定不下来。不必特意做什么，不想静坐，就看书、喝茶，不然就发呆，也不会有人制止你。基本上想做什么都可以，只要觉得舒适轻松就好。但姥姥觉得静坐，感受着自己的呼吸，让心平静下来的感觉，真的很美好，会有一种无限的开阔感。尤其是在外头受伤惨重

时，待在居心地有很好的疗愈效果，极力推荐大家做做看。

这专属自己的角落，无关亲情。就算家中有数十人，人还是要面对自己的孤独。

人生就是这样，不论有多亲的爱人或亲人、好友，他们可以一起帮忙骂你老公或老板，但有些事，还是得靠自己跟自己协商。例如想过怎样的人生，要不要辞掉年薪百万的工作去当海盗，选择浪荡一生或养一个小孩。

把心抚平后，心会跟你讲答案，未来的道路不一定就此好过，但至少甘愿一点。

想办法设个储物间
替代柜子，节省室内空间

住小空间的人常常一提收纳就想到柜子，而没有想到储物间，总觉得连住的空间都不够大了，哪有地方再隔间储物间。但储物间有个大好处，一间 6 平方米的储物间收纳量比 6 米长的柜子大，旅行箱、电风扇、滑轮鞋等尺寸再奇怪的家电或物品，都可以收进去。如此其他空间的柜子可以少做，空间看起来就比较大了。

也有人会觉得室内空间已那么小了，没有储物间的空间。其实是可以有的，一可向卧室借空间：之前讨论过了，卧室其实也不必那么大，只要 6 平方米的空间即足够。这样就可把多出来的位置给衣物间兼储物间，或是把衣柜从 60cm 深变成 90cm 深，像哆啦 A 梦睡的那种壁橱，因深度较深，就像小型储物间了。

国外很多案子是在床的后面设储物间，挂个布帘，里头的柜子就可以用最便宜的材质来做，也不必做门片，省下不少钱。另外也有很多是跟阳台借空间，或客厅一角、玄关柜背后等，可跟设计师好好讨论。

国外居家常见的储物间做法，在卧室挂个布帘就成了。（宜家提供）

格局改造大图解

大家来找储物间： 许多人都说家里找不出储物间的空间，以下为 6 种常见的房屋格局，来看看别人是怎么做到的。

方法 1 只要改变核心区的做法，就会有多余的空间可做储物间了。这个案子原本厨房是独立空间，改造后把厨房融合在客餐厅里，原处即可当储物间。（PMK Kevin 设计）

Before

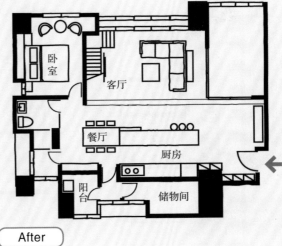

After

方法 2 没有窗或采光不好的区段，就可设计成储物间。（尤哒唯设计）

方法 3 这两个都是将客餐厅融合为核心区，在角落里划出地方当储物间。左图的储物间是畸零地，右图则是利用玄关墙后的空间，因此核心区仍是方正的。

方法 4 从卧室偷空间也是好点子，毕竟卧室只是睡觉的地方，空间可不必太大。

小空间，大卫生间
小资族也可以拥有梦幻般的卫浴

小空间还要大卫生间？这对很多人来说，会觉得浪漫到了奢侈的地步吧！——拜托，我家客厅都不够大了，哪来空间拨给卫生间？但我相信不少女生应该都很想拥有一间大卫生间吧！一间既有浴缸可以泡澡、做 SPA，又有独立淋浴空间的完美卫生间。啊，我真的很能理解这种心情，因为这也是我老人家的梦想。

但现实总是令人无力。若要找间百平方米以下、有间大卫生间的房子，感觉比中彩票还难。地产商给我们的房型就是两间都小小不到 3 平方米的卫生间，根本不好用，90 公斤的关云长活在现代的话，一进卫浴就会动弹不得。

要放大卫生间该怎么做呢？以下是我的想法：

第一，把两间小卫生间改成一间；对，要放弃主卧室的独立浴室。

许多人认为主卧室内一定要有卫生间，这样晚上上厕所比较方便，而且有专属卫生间，感觉较高档。这些"高档的感受"我都能理解，也是我们从小孩熬成大人、每天在公司朝九晚五忍气吞声的最佳回报。

但是小小间又不好用的卫生间真的是"最佳回报"吗？不一定吧，当然也有另一种小空间干湿分离的设计很棒，但有时我们就是想要大一点的卫浴空间，买的又是小房子时，我觉得牺牲主卧卫浴是可考虑的方向。

反正我们小资一族买的都是不到百平方米的小空间，卧室到公用卫生间也不过走 10 步路就到了，很急的话跑一下，5 秒内也到了，主卧室有没有配卫生间似乎没那么重要。

另外大部分家庭成员都是 3 人，也许偶尔还会抢马桶，但抢浴缸的概率很低吧，不太需要建两间"全配浴缸"的小卫生间。

所以我会建议把两间卫生间融合成一间大卫生间，可以保留两个马桶，但浴缸就不必两套了，如此不管是主卧室或新卫生间，空间都能放大。但新卫生间的位置很重要，最好是能接近客厅也接近卧室，若不行，就以接近卧室为主，因为这样晚上要上厕所时，走几步路就到了。

第二，向四周借空间，这样其他空间会变小一点。

你相信有人会把房子的五分之一给卫生间吗？法蝶生活馆品牌总监蔡佳峰就这么做了。她的房子是老屋，约百平方米，也是只有前后采光的长型格局，为了采光通风好，蔡佳峰把原本的所有隔间都打掉，把空间分成阳台、客厅、书房卧室、衣物间与浴室5大区，各区之间只用移门相隔，空间流动性很高，也就是在家里大部分时间都不必"关门"，可自由走来走去，但当然，这是没有隔音需求的设计。

最特别的就是20平方米的浴室。超爱泡澡的她，一星期有2~3天会待在浴室超过2个小时。关在小空间里会太闷，所以她特地放大浴室，原本设计师是规划10平方米的浴室加一间20平方米的衣物间；她后来做了个让所有女性同胞不敢置信的决定，两者换过来，把衣物间的空间给卫生间。

姥姥有幸借采访视察了那间五星级卫生间。跟你说，这真是超越苏格拉底的睿智决定，若您也是爱泡澡一族，大胆尝试，不会后悔的。

善用移门，放大卫浴不是梦

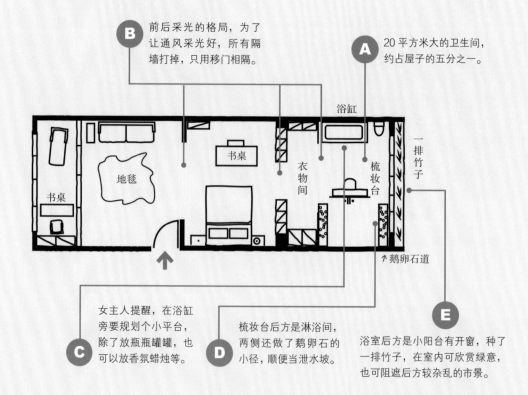

B 前后采光的格局，为了让通风采光好，所有隔墙打掉，只用移门相隔。

A 20平方米大的卫生间，约占屋子的五分之一。

浴缸

书桌

地毯

书桌

衣物间

梳妆台

一排竹子

↑鹅卵石道

C 女主人提醒，在浴缸旁要规划个小平台，除了放瓶瓶罐罐，也可以放香氛蜡烛等。

D 梳妆台后方是淋浴间，两侧还做了鹅卵石的小径，顺便当泄水坡。

E 浴室后方是小阳台有开窗，种了一排竹子，在室内可欣赏绿意，也可阻遮后方较杂乱的市景。

格局改造大图解

案例解析与照片提供：PMK设计

超巧妙的! 迷你卫生间改造

　　这个案子的主卧卫浴并没有移位，也没有向其他室内借空间，只是改了卫生间门的做法，就让通风采光都变得更好，卫生间设备也能各自独立配置。因为这是男女主人用的私密浴室，采用玻璃隔间，若是公用卫浴想借用此格局，可将清玻璃隔间改成雾玻璃或墙面。

Before

After

A 马桶与淋浴区用玻璃移门相隔。玻璃可让视线向外延伸，即使是在小空间里沐浴，也不会觉得太狭隘。

B 原格局是常见的所有设备都在一间卫生间内B1，虽然有开窗，但通风与采光会被卫生间门与墙挡着，衣物间为暗房。改造时将卫生间门和部分隔墙拆掉，打通窗与门的走廊，这样不但洗脸台变大成双面盆，风与光都可向衣物间延伸。

C 主卧门往右移，衣物间就比原本C1的大，又可增加收纳空间。

洗脸台往外移，独立配置。

马桶与淋浴间改用玻璃移门相隔，此区也不再做室内门，只做门套。

马桶、洗手台、浴缸全独立
非典型的卫生间设计提案

Part 9
3.2

　　规划卫生间时，姥姥个人的看法是，尽量把各设备独立化。洗脸台、马桶、浴缸、淋浴间这四部分都可以独立出口，这样就不会有某人洗澡时其他人无法上厕所的问题，或是大人在马桶上读金庸时，小孩仍可以在洗脸台刷牙洗脸，不必像樱桃小丸子一样，肚子都痛死了还得花力气在外头哭喊爸爸快出来。

　　姥姥再针对卫生间设计提点非典型看法：

　　1. 干湿分离：这是卫生间设计的趋势。一般湿区就是指浴缸或淋浴区，干区是洗脸台与马桶。我觉得洗脸台与马桶中间有隔间或两者皆独立设置会更好。但请真的做到干湿分离哦。

　　一般人有个误区，以为浴缸上架个淋浴移门就叫干湿分离，浴缸旁仍是马桶，实际上这不算是干湿分离，因为洗完澡后，人体是湿的，走到哪水就滴到哪，马桶区就会变湿了。一旦地板湿了就容易脏，马桶底下玻璃胶也容易发霉变黄，这干区就还是得刷洗地板。

　　真正的干湿分离设计是马桶自己

独立一间，地板就真的不会沾到水。或许偶尔小朋友尿尿时没瞄准会滴落几滴，但平常大部分时间是干的。清洁方式与客厅、厨房的瓷砖地板一样，用扫加拖就可清干净，而不必刷洗卫生间，在清洁上省力许多。

　　2. 双入口动线：传统卫生间的动线是仅一个出入口，现在则很流行双出入口。好处是即使只有一个卫浴，但客厅、卧室、厨房、主卧室等都可在最近距离内到达卫生间，缺点就是上厕所时要关两扇门，有时急起来会忘了关其中一扇。万一有朋自远方来，恰巧遇上这局面，难免有点小尴尬。

　　3. 马桶数量：3人以下家庭，马桶设一个即可。若担心厕所不足，也可以独立再设一个迷你空间放马桶就好，而不需再规划一个配浴缸的全套卫生间，这样多出来的空间可以留给储物间或卧室。

　　另外，马桶要尽量远离客餐厅等公领域，这样不但能顾全隐私，也可以减少臭气回流。

　　若想清洁上更省力，建议选壁挂

马桶。坐式马桶底下与地板衔接处是用玻璃胶收边的，若是未干湿分离的卫生间，玻璃胶易变色发霉，也易卡污，比较不好清理。

但有人会觉得壁挂马桶太贵，要多花几千元，姥姥又要老话重提，只要不做天花板、不做装饰墙，这笔钱就有了。但记得要在壁面水箱处留维修孔，以免日后有问题时不好处理。

4. **洗脸台**：愈来愈多设计案是将洗脸台独立于卫生间之外。选台盆时要注意不要太浅，否则水很容易溅出，会把地面弄得湿湿的。有空间的话，洗脸台可做两个。早上小孩急着上学，大人又急着上班时，两个就很好用。夫妻俩或爸妈陪着小朋友一起照镜子刷牙，也别有乐趣。另建议洗脸台要近餐厅。因为吃饭前可就近洗手。

5. **浴缸**：若空间真的不大，或想再省点费用，可在淋浴间与浴缸间二选一，不必两个都做。姥姥个人是建议选浴缸，有几个优点：一、在劳累了一天后，泡个澡真的是非常舒服的事。二、浴缸中也可以淋浴，但淋浴间就无法泡澡，选浴缸功能较齐全。三、浴缸的水垢比淋浴间的玻璃水垢好清洁。四、省下淋浴移门后，还可买个单体贵妃型浴缸。

参考日本家庭，卫浴独立配置

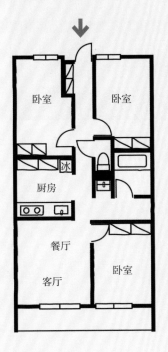
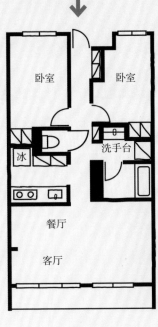

A 日本的房子的浴室格局大多是各个设备各自独立，马桶、浴缸、洗脸台等都分开来，且有独立出口。

B 马桶的位置可离客厅远点，离卧室近点，晚上内急时较方便。另外也不一定要与浴室放在一起，从卧室分个位置出来也可以，但最好不要离管线太远，以免排粪管拉太长。

浴室有双出入口，可让
更多房间更方便共享。
（集集设计提供）

1 秒内从无到有的父母房
善用移门 灵活运用空间

格局规划，就和人生一样，必须有所取舍。若你是住小空间，姥姥非常推荐你看看这篇。我们对格局的印象都是固定式的，你知道也有"活动式"的房间吗？利用移门当墙，不但省钱又能提高空间的使用机能，还有助通风与采光！

许多年轻夫妻装修时都会想留一间父母房，一是大部分的头期款都是爸妈给的，若不留间房好像不太孝顺，老人家也不太高兴，会觉得你们忘恩负义。若是父母常来住，或常来帮忙带小孩，留这间房就有其必要性；但若父母只是偶尔才来，一年住不到两个星期，这间房就常是留来留去留成仇，沦落成储物间或积灰尘的房间，令人好不烦恼。

"可是不留的话，爸妈来时住哪儿？没有一个房间，直接睡地垫上感觉很不孝啊！"的确是。别担心，这个时候"活动移门"就可派上用场！

移门又叫拉门，一般设计案都只是拿来当室内门的一种做法，但它其实也可取代隔墙。像这种偶尔才会用到的房间，就适合规划在客厅（核心区）旁边，平常没人来住时，移门打开可扩大客厅的空间感，有人来住时，就可拉上变成独立的房间。

通常一扇 210 厘米长的木作移门的价格会比隔墙贵。但你要想，移门内的房间算 10 平方米的话，一年有300 天都无法使用。一平方米算 3 万好了，就是 30 万元，用 1 万元移门就可换回 30 万面积的使用权，当然是划算啊！

再来移门也可帮你省电，提升空调效益。现在格局都会将客餐厅加厨房规划成开放式，好处是空间开阔、视野宽广，但是有个大问题，就是空调。

一个百平方米的房子，客餐厅加厨房少说也有 45 平方米，即使你只在18 平方米的客厅中看电视、与小孩玩骑马打伏，但是空调都是吹 45 平方米的空间，制冷 45 平方米的匹数与 18平方米的匹数会差很多，用电量也差很多。移门即可把 45 平方米的空间变成 18 平方米。

客厅与卧室之间，用移门当隔墙。平日打开移门当书房使用，爸妈来住时就变独立卧室。（尤哒唯设计）

这是定位器，一般移门用长型的，选购不锈钢材质（左）较好，有时附的塑料品（右）容易坏。（廖师傅提供）

移门内结构不能用整片细木工板做，会变形。要用角材龙骨式的空心门结构。宽度在1米内为佳，太宽会太重，不好拉。

龙骨结构门片不易变形

常见的移门材质是木制空心门或铝框玻璃。以价格论，木移门绝对胜出，相对便宜，但若要兼顾采光，玻璃移门还是值得投资的。

要注意的是，木制移门不能用整片细木工板做哦，因为移门的高度多在2米以上，细木工板只要超过1米高，就很容易变形。所以要用由角材当龙骨结构，再前后贴木皮板。二十几年经验的木工廖师傅表示，最好门片的宽度也不要超过1米，因为会有点重，要用较高档的五金不然门片不太好推拉。

五金三剑客：滑轨、门止、滑轮

木制移门除了工法细节外，五金也很重要。滑轨五金有两种。一种只有上滑轨加定位器。定位器就是在移门下方定位的五金，也有人称限位器。

通常买滑轨时会附在里面，但有的会附塑料的，较不耐用，最好另外去买不锈钢材质的。

另一种是上下滑轨都有，多用于和室，稳定度比较好。不过，一般师傅与设计师多是建议做前者。设计师冯慧心表示，下滑轨容易被人踢到，而且它的功能只是让移门较不会偏滑，好的定位器也有同样功能。

不过若门片多达3~4片时，就无法装定位器，因为也容易被人踢到。这时可用地板门栓取代定位器，平日可将门栓塞进地板中，要用时再拔出来固定门片。但门栓只适用于木地板，地砖就没办法安装。

滑轨质量看厚度

上顺五金行黄明胜表示，移门滑轨分两部分，一是滑轨，二是滑轮。

滑轨最常见的就是铝制的，质量有差别的地方是"厚度"。一般品约 2mm 厚，愈厚愈好，因为在同样外径尺寸下，越厚的轨道"内部空间"越小，滑轮在里头就不易晃动，拉起来好拉，轨道本身也不易变形。且价格差异很小，建议选厚一点的滑轨，轨道本身也不易变形。

滑轮的价格高低在于承重力的大小，承重力多在 60~100 公斤之间。

若是当隔墙用的移门，又是使用较重的玻璃材质，整体重量可能会超过 100 公斤。若使用承重力不够的滑轮，轮子很容易变形，移门时就会听到叩啰叩啰的声音。

滑轮的质量有没有差别？当然还是有的，不管进口或本地制，可试拉一下移门，就可知顺不顺。但多位专家都认为，只要选承重力够的滑轮，本地制滑轨加滑轮也很好，安装的工法与日后的使用习惯比较重要，不一定要买进口货。

巧用布帘隔间

若觉得移门还是贵了一点，那改布帘隔间，倒是可以非常便宜。可以隔出爸妈的房间，又可以帮你省空调费，或是当你想消失在世人的面前时，它还可以变身哈利·波特的隐形斗篷。一拉上，家人与全世界都在一帘之外，你便在宇宙的孤岛中。

布幔隔间的用料很简单，只要布帘及滑轨就好。嫌滑轨丑，那就换成各式美丽的窗帘杆吧！

不过布隔间的缺点你大概也知道：一完全无隔音效果，一丁点都没有，重一点的喘息声，隔壁都会听到；二会招尘或招一种眼睛看不到的小动物，叫尘螨，家里有气喘或过敏儿的都不适用；三是定期要清洗，有人会嫌麻烦；四是上下仍有缝，空调多少会流失一些。

宜家应该算是全世界最会利用布幔隔间的公司了。每年的产品目录上都有许多非常棒的点子，例如在床后方用布幔隔出一间更衣室。（宜家提供）

把主卧室让给小孩住
要大要采光好　不要色彩太强烈

关于小孩房的规划，姥姥的想法，跟市面上教的或设计师说的不太一样，不只是一点点不同，有的部分相差很多很多。我又得重新说一遍，没有对错，就是大家的生活经验不同，我提出的是另一条路，但不是圣旨。千万别因为姥姥的教条而夫妻吵架或和设计师吵哦！

姥姥我很幸运能有个小孩，从高80厘米养到高180厘米，虽然中间也是一把眼泪一把鼻涕、每天吵吵骂骂的，但小蹄带给我的窝心，会让姥姥这种冷血动物觉得当个妈还是不错的体验。

不过我家小孩房从一开始就落入"大家都是这样做啊"的人云亦云式烂设计（没办法，姥姥也曾是无知青年），后来也没钱改造，对小蹄愧疚不已。在这里只好说"如果可以重来"，我会怎么做。

一、位置：采光好，有开窗，远离大马路的地方。

二、空间：尽量大，至少12平方米。

前两点简单讲，就是把传统做主卧室的方式，给小孩房就是了。传统小孩房通常就是角落暗房或最小的房间，因为小孩小嘛，又才一人使用。

但这就是**装修小孩房最常见的误区：用小小孩的角度去设计**。当然我们都不是要养个哈利·波特（他是住在楼梯下暗房），而是觉得小孩还小，才四五岁大，空间自然不必大。

这想法是没错，但姥姥跟你说，10年内，我们通常不会再换房子或二次装修。不过小孩是会"长大"的，需求会一直增加。既然已没钱二次装修，那不如第一次就把小孩房弄好。

小资一族的小孩房，建议要用中学生的需求来设计。不然就要有"10年后，跟小孩换房的打算"，把主卧室给小孩住，不是宠小孩，也不是自我牺牲，而是我觉得"他们比较需要"。反正从客厅到厨房，都是我们大人的天下，房间给他们大一点空间又何妨。

青少年除了不再牵妈妈的手之外（泣），也会希望有自己独立的空间。小蹄从初中开始希望在房里看书做功

采光好，白天在房里写功课时就不必开灯了。（尤哒唯设计）

课，所以从这点来看，要提供采光好的地点（但初中之前不宜太亮，这个后头聊），不然他会在白天开灯。手都不牵了，还要花电费，做妈的不是双重心碎？

有开窗的房间，通风会比较好，房里比较不潮湿，衣物棉被就不易发霉，也不易有尘螨，尤其是家有过敏儿，这样设计对健康较好。

远离大马路这点应不必解释太多了吧，宁静的房间，小孩好睡，你就比较好过日子。

三、灯光：吊顶灯、壁灯皆要。

四、电脑：能拖就拖，能装穷就装穷，最好在他离家独立前，都不要放

入房间。但可放在共享的书房或客厅。

我对小孩房的设计分成初中之前与初中之后。至于何时当分水岭，女生可能会提前到小学五年级，也有的男生会到初三。时间没有一定，反正他们何时跟你提出要在房里做功课，就代表时间到了。

初中之前只留睡觉功能

初中之前的小孩房，就留睡觉功能就好。这样小宝贝一进房就睡，很好带，不会在半夜 12 点还跟你大眼瞪小眼。真的，房间功能越少越好。也不要让他们在房里独自写功课，这样亲子互动会太少。最好把写功课、看书这事搬到爸妈也在的空间，如书房或客厅（但最好没有电视，不然爸妈自己看电视看得很乐也不妥）。

若把电脑书桌等放房里，等小孩会玩在线游戏后，就会遗忘爸妈，严重的还会遗忘吃饭，一下课就关在房间里，把电脑当再生父母，会让你觉得生这个娃跟没生一样。

初中以上的小孩叫青少年，大多已不在父母的掌控之中，也该让他们培养自己的隐私，这时就可把书房的功能加进卧室，可比照阅读的照明做法。

所以照明方面，初中之前的小孩房就装可以看得到空间的亮度照明就

好，不看书也不上网，不必开太多灯。但吊顶灯还是要先做，初中后他们要求在房里做功课时，灯光就派上用场了。

五、衣柜： 下层吊衣杆高 90 厘米左右，加上开放式格柜，5 岁起就训练收纳衣服，日后你会超感谢姥姥这项建议。

六、色彩： 壁面素雅即可，千万别五颜六色，太鲜艳会让小孩睡不好。但可加进多彩抱枕或玩具，刺激神经元发展。

七、收纳： 一定要趁小孩还没有发展出判断力时就教会他，这样日后他会把"收干净"当成跟吃饭睡觉一样自然的事，当妈的就可轻松许多。

每回姥姥在打扫小蹄的房间时，就颇后悔没有早一点去访幼教专家。蒙特梭利幼教专家认为，从幼儿园时期小小孩就能学会收纳，且这时期的孩子对"各种事物"都有无限好奇心（姥姥 OS：就是什么都肯做的意思），当妈的一定要好好把握，不然等他到三四年级时，叫他收衣服都得三催四请。

衣柜下方可设计个 90 厘米高的吊衣杆，让 5 岁小宝贝自己挂衣服，也顺便培养他的成就感，记得每挂好一件就要用力鼓掌啊！但这时先不急着教他叠衣服，因为叠衣服还太难，会有挫折感，对小孩不好。

接着最底下放排抽屉盒，门片可分不同的颜色，教他收玩具，不同玩具放不同抽屉。为了当妈的日后着想，每收好一次，还是那句，请记得用力鼓掌啊！

壁面忌用强烈色彩

小孩房另一个常见误区就是：空间色彩要缤纷。心理发展学中有一条，彩色可刺激神经元、促进幼儿的认知发展，这是大家都认可的，但太鲜艳的色彩也会刺激神经元，让小孩不易入睡。

所以小儿科医师建议，不该在小孩房的壁面用太鲜艳强烈或复杂的色块，而是要用淡蓝、淡黄、淡粉、米白等较浅的色彩，不过可以在抱枕、玩具或局部柜体门片等"小面积"处运用亮丽的色彩，让小小脑袋仍能变得有创意。

在文章最后，我只希望大家能给小孩多点空间，不只是格局规划，而是成长的过程。就像龙应台写的，"我们都将在某一天，目送小孩远去。"在那天来临前，让孩子快乐点吧！

Part 9 6 小和室大学问
4 大疑难杂症一次解决

和室有阵子是样板间的必备品，不管是 100 平方米还是 50 平方米，都要挤出一间和室。和室的重点就在"九宫格架高地板"，但我觉得未必如想象中的好用。我整理出几个小和室（指 10 平方米以内）设计会遇到的缺点或误区，当然还有解决的方法。

网友抱怨｜收纳地板，10 年无用。

【姥姥诊断】花大钱做九宫格架高收纳地板，最常发生东西放进去后再也不会拿出来的状况。因为上掀式地板很重，不好开启，这点是许多网友的心声。不管是五金扣合式还是吸盘式地板，女生要开都颇吃力，吸盘式的有时还要换好几个位置才吸得起来，放下去时不小心还会"砰"一声吓到自己。

姥姥的朋友 M 家里的和室更惨，没地方收的小家电及画架等都堆放在和室，好好一个空间变成杂物储物间，M 跟我说："和室地板上面堆满东西，就更少开九宫格了，因为要移开很麻烦，东西放进去后更没机会拿出来。"

那为什么花个 2 万元做和室来藏不会用的东西？又会把空间切得小小的，害别的空间也不好用，若只用来收纳，性价比似乎太低，还不如花个 6000 元打造一间储物间。

但也有受访者觉得和室地板的九宫格很好用，家里真的挤不出储物间时，架高地板是解决收纳的一种方法。

我们总有些东西丢不出手，像初恋情人的情书、小孩的亲笔妈妈画像或丢了后老婆会天天怨你的结婚纪念物等，虽然达人都在教要断舍离，但实在离不了时，一进去就老死不相往来的九宫格倒是不错的归属。

【解决之道】

1. 如果已经做好九宫格地板，你只能当"遗忘书之墓"，专放舍不得丢又相见不如怀念之物。

2. 一开始就舍弃九宫格，直接在架高地板内留空位，找现成收纳箱放进去，是性价比更高的做法。

直接买大卖场的透明收纳抽屉，再按照收纳箱的高度来订做架高地板的高度，讲究美感的人，可在地板侧

和室最大优点就是"九宫格收纳地板",但东西也很容易进去后,就老死不相往来。（尤哒唯设计）

边做门片,即可遮住地板内的收纳箱,这个做法更省钱,外观也好看。

3. 侧边做抽屉。抽屉好开,东西也好拿取,不过深度最好不要超过1米,一来放满东西后会太重,若五金滑轨质量不佳,会不好开。二来和室前方也得留开抽屉的空间,不然无法完全打开。

网友抱怨 | 电风扇、烫衣板、旅行箱无法收进架高地板内。

【姥姥诊断】架高地板的高度最常见的是40厘米高,方型九宫格尺寸多是75厘米见方以下,因为门片尺寸太大会很难开启。所以拿来收衣物、抱枕、棉被、书籍、小孩的美术作或品奖状等还不错,但许多长型的电风扇、电暖器、除湿机或大型的旅行箱、烫衣板等是无法放进去的。

不只是家电,等家里小孩再大点,他会有一堆运动用的滑板、羽毛球拍、滑轮鞋、高尔夫球杆、棒球棒、剑道护具与长长的竹剑等,通通都收不进去。

【解决之道】

1. 电风扇等长型家电一定要另寻空间收纳,如在衣柜或餐柜规划一区专放家电或旅行箱。

2. 挤出一间储物间,放那些运动器材与家电。

网友抱怨｜和室地板内部容易发霉！

【姥姥诊断】写稿的此刻，台北已经连下了一个多礼拜的雨。天气潮湿起来时，真的令人非常无力，除湿机已开了一整天，但我家的柚木收纳箱仍然发霉了，对，各位没看错，号称最防水防潮的柚木哦，还是被霉菌攻陷了。当然和室地板下多年没打开透气的收纳格，发霉更不会让人意外。

【解决之道】

1. 常开除湿机。

2. 施工前记得在底部加防潮布，可隔一下地板的水气。不过这些都仍无法保证九宫格不会发霉。若你住在很潮湿的地方，又只是为了收纳而建和室，我仍建议不如改做储物间。

网友抱怨｜常要盘腿坐，根本待不久。

【姥姥诊断】在和室要坐得久，除了买有靠背的和室椅以外，脚的部分一定要有地方可自由平放。许多和室没有设计放脚的地方，只能像日本人一样跪坐或盘坐。

我能了解设计师的苦心，大概是想让屋主在家修行练耐力，但姥姥修练了这么多年，最多也只能盘腿坐1个多小时，我想一般人应该撑不到15分钟吧！若无法久坐，这空间你很快就不想再来了，那花钱弄这个干什么呢？

【解决之道】

1. 和室桌要设计放脚的地方。和室桌现在多是从架高地板"中间"取下一块来当桌板，这样桌下就有放脚的地方；早几年有人做和室桌是直接加在架高地板上，人就得跪坐，这种就让人无法久坐。

2. 靠墙边桌底下留空。有的和室桌设计在靠墙处，即做一条与墙同宽的搁板当桌子，这种桌下的架高地板都可留空，好放脚。

网友抱怨｜和室桌不够大，不好用。

【姥姥诊断】高先生说，他旧家的和室未能发挥书房的功能，正是因为桌面太小。

一般常见的和室桌的大小为75~90cm见方。姥姥的朋友M也觉得75cm以下都不好用，小孩要写功课时东西不够放，打麻将也难以大展身手，还要预防隔壁偷看牌，总觉得太压迫。

另外也有网友询问，和室桌是做电动的还是手动的好？因为电动升降式的和室桌要好几千元，一年也升降不到几次，坏了之后还要维修费，性价比实在太低，我觉得小资一族还是选手动式的吧！

【解决之道】

建议在不妨碍活动空间的原则下，桌子尽量选择大一点的。虽然桌子的长、宽只要超过90cm，一个女生就很可能搬不动，但这问题不算太大，除非你家天天有客人来住、小孩每天在此打滚，否则需要清空的频率不高，夫妻届时再联手搬桌即可。

还是可做小和室的 5 大理由

和室设计到底好不好用？以上讨论供大家参考，答案也没谁好谁不好，因为每个人的生活习惯都不同。关键点在于和室的机能有没有可替代性？若是没有可替代性的，和室的使用价值就颇高，不然就会沦为储物间或蚊子室。

举个例子。朋友 W 小姐家是我见过和室使用率最高的家庭：一、她在这喝下午茶看闲书；二、小孩在这写功课；三、老公在这打个四圈麻将；四、公婆来访时住这；五、地板下还可收纳杂物。这 5 种行为都是在她家客厅较不方便做的。没错，以上 5 个功能，也正是你考虑家里需不需要做间和室的关键理由！

再深研究一下，W 小姐家，客厅是看电视的地方，没有书柜，小孩要趴在茶几上写功课也不方便，所以和室有书房的功能；另外，打麻将则是不少男性同胞的嗜好，我想她家就算不用陪小孩读书，光凭这点和室也有存在的必要，不然老公的人生就会变成黑白的了。

另一位朋友 M 家里正好相反，就是和室变成养蚊子窟的典型代表。她

若和室有客餐厅没有的功能，如陪公子千金读书写字等，性价比就很高。（尤哒唯设计）

平日花最长时间的活动是看电视，也在客厅陪小孩玩乐；小孩要看书写功课是在小孩房中；老公平常不太看报纸只爱上网，多在客厅上网；偶尔想打牌，但 M 会变脸，所以老公也不敢邀人来家里。

所以她家和室是装饰意义较高，但偶尔父母来时也会充当睡房，这是和室最大的用途。

从以上例子可知，和室好不好用，要看我们的生活习惯。尤其是有客厅的家庭，若许多活动已包括在此，那和室的必要性就少很多，实在不必另外花这笔钱了！

阳台变身户外咖啡厅
空间内缩，放上一几二椅

Part 9 7

来看阳台内缩。

你没看错，是阳台内缩，不是外推。这里的阳台不是指晒衣处的工作阳台，而是客厅或卧室外的阳台，也是家里能与自然户外直接接触的地方。姥姥个人认为，能在自家里吹到风、晒到太阳，真的是比什么事业成功都棒的事。

不过依照我自己的经验，若阳台太小会不好用，像是老房子常见的狭长阳台，宽不到一米也不好用，大多只剩"观赏"的价值。所谓观赏的价值，就是可以种很多植物、有一片绿意，但只能"站"在阳台吹风，或站着抽烟、站着看风景，大多是进行个人式的活动，无法与人共享。这也就

将阳台打造成自家咖啡厅，也是顶级享受。（集集设计）

是我说的"不好用"。

阳台还是要放个一桌四椅或一几两椅，才能兼具观赏与实用价值。当然小阳台也是放空的空间，当我们在家里觉得很闷时，有个地方透透气。但若是大一点的阳台，放了桌椅，除了透透气，还可以喝个下午茶、读本小书，心灵的疗愈功能更大。

但现在有大阳台的房子，通常都已被冠上自然建筑等名词，然后1平方米要天价，这实在太超出我们小布尔乔亚一族的预算。通常我们能买得起的都只有小得跟卫生间一样的阳台，或者狭长型阳台。怎么办？

向室内借空间！"什么？我买的房子不到60平方米啊？怎么可以再浪费给阳台？"姥姥知道很多人会这么想，所以前几篇才会苦口婆心跟大家分享不同核心区的规划法，假设你采用和室当核心区，家里就可少掉客厅、餐厅与客房的分割，原本室内需要60平方米的，少了两厅后，45平方米就已足够，多的15平方米可以给阳台。

另外一个方法就真的是偷客厅的空间。虽然客厅会小点，但交换回来一个"户外咖啡厅"，在自家阳台喝咖啡，不是更惬意？

姥姥的装修进修所

谁说阳台一定要种植物？

阳台是不是一定要绿意盎然？不一定。是绿手指的人可以好好展现身手，但若你天生就是黑手指，或是阳台日照压根不够，或怕招蚊虫，就省下力气不要种植物吧！少了植物的阳台也有许多布置方法。姥姥家是挂上竹帘，另外还有仿日本枯山水的做法，例如图里卫屋的做法，也相当有气质。

（台南卫屋提供）

玄关要占一席之地
善用屏风、鞋柜当隔间

Part 9 8

玄关是开门后进入"家"的第一个区域，这是我们从外头世界"过渡"到自己家的地方。就像日剧女主角一样，在这可以喊着"我回来啦"，在那声问候中转换自己的心情，把工作上的纷纷扰扰都留在门外。

姥姥一直觉得一个家要有玄关，最好像古代建筑有个两进厅，当然现在房子都小，能有个独立玄关已是奢侈，不少人也会因为客厅空间不足，就不设玄关，开门直见厅堂。

有玄关与没玄关的房子我都住过，还是开门后有个转折处比较好，这样"回到家"的感觉会更浓厚。

一进门有个转折，更能区别家与外面，回到家的心情就不 样了。（集集设计）

用鞋柜当玄关与客厅之间的隔间，一物两用。
（尤哒唯设计）

小空间的心理战

即使是很小的玄关也无所谓。之前采访过一个家，有个宽度不到1米的狭窄玄关，一进门是有压迫感，但脱完鞋，绕过鞋柜，"哇，他家客厅怎么那么开阔啊。"其实客厅也才16平方米左右，后来明白了，这是运用视觉心理学的原理，经过非常小的空间洗礼后，后面不怎么大的客厅都能"感觉"变大了。

所以玄关设计的重点应该是让人在进门后，不要一眼就看穿客厅。可用屏风或鞋柜来当隔间，我较喜欢用柜子，隔间兼收纳，一笔钱两用途，性价比高；这柜子也可做双边柜，一边放鞋子，另一边兼客厅收纳。

再来谈谈比较特殊的玄关设计。

还记得花艺师朱永安的家吗？要经过长长走廊的玄关。这样的房子我遇过几家，有位茶人还特意把室内大门位置改掉，好创造出长长的玄关。他们的想法都一样，如此才能在行走之间，慢慢让心灵沉淀下来，是很棒很棒的设计。

若无法有个长长的走廊式玄关，也有个改良方式：做两道门。一般是大门一开就进到家里了，有两道门的玄关则是要再开一个室内门才进到客厅。虽然要再开一道门会有点麻烦，但也就是多了那道门，屋内与屋外的风景就此不同。

Part 10 要做隔热

花小钱有大效果的节能创意

Insulation

若说木工柜的设计是装修显学的话，那隔热设计大概就是被打入冷宫、夜夜垂泪到天明的嫔妃了。装修设计时能考虑到通风采光就已非凡人，还能进阶想到隔热？那根本是纳美人的层次了！

这也难怪，连姥姥我一开始听到隔热设计也是一直摇头，"我哪来的美国钱啊，什么高科技隔热系统不是要好几万元吗？"但还好，我后来当了家居线记者。

因我老人家不习惯吹空调，但台北夏天又好热好热，于是我每回遇到建筑师，都跟这些人讨教几招隔热设计。当然了，我会直接告诉他们，姥姥住大楼，所以像外遮阳等要改变建筑外观的，行不通；第二，我很懒又没钱，要动太大工程的，也行不通。

嘿嘿！这些达人告诉我的不但有超省钱的隔热法，还有不必额外花钱的妙招哦！不敢相信是吧？来看一下有哪些方法！

（红屋住宅设计）

把窗帘挂窗外

便宜实用，建筑师的高效隔热绝招

要对付热源这种外层空间生物，一定要先了解"家里会热"的原因，再根据这原因来改善。

姥姥因为实在不能吹空调，因此读了几本理论型的关于热辐射、建材与温度的大部头书。放心，姥姥不会用一堆看不懂的名词来吓大家，那是专家做的事，姥姥不是专家。

家里为什么会热？或把范围再缩小点，我们住的公寓或大楼为什么会热？主要就是阳光的热跑进家里了。那阳光的热是怎么跑进去的呢？

1. 透过玻璃窗：阳光的热可以直接进屋（也叫辐射热）。

2. 透过我家的外墙：墙壁吸收了热能，晚上会放出来（又叫传导热）。

3. 热从屋顶上传下来（也是传导热的兄弟姐妹）。

我家非顶楼，所以上述热源的前两点就是主要凶手；关于第二点，我说过了，我们大楼不准改变外观，所以我也无法做外遮阳。（注：最后我家只能针对第一点来设计：要让阳光"不要照到窗户"。）

于是郭英钊建筑师帮姥姥想了个点子：你把窗帘挂窗外就好了。

为什么把窗帘挂窗外，会比挂窗内好。因为窗帘挂在窗内，阳光还是先照到了窗户玻璃，热辐射就会散逸到家里；但若把窗帘挂在窗外，阳光是先照到帘子，就能先挡掉部分的热能，透过玻璃的热能减少，自然屋里就可凉许多。

婆婆妈妈看到这里可能会觉得不太懂，"把两幅布挂在窗户外"不是很怪又招尘吗？不是的，挂在窗外的窗帘材质就不能用布了，最好是用竹帘。

竹帘比较不怕日晒雨淋，也不易发霉（姥姥之前也用过实木柳枝条，还是会发霉）。这幅挂到窗外的竹帘多有用呢？我家客厅自从挂上这片帘子，就没开过空调了，电费因此省了38%。

一幅竹帘才几百元，挂起来又有禅意，非常推荐大家试试看。

注： 外遮阳就是以木头等热传导率较低的材质在外墙再做一层墙或格栅，把阳光挡住，不会直射到外墙，可大幅降低热传导，是非常有效的隔热方式。

我家用了竹帘后，那个月的电费，比前一年省了 38%，少了 163 度。

竹帘整个挂在窗外，可让阳光不会直接照到玻璃窗，有点类似外遮阳的概念。这竹帘约 400 元。

落地窗外有阳台，将竹帘往外撑起，可扩大遮阳面积，帘与窗之间多了空间，隔热效果更好。

Part10 2 居家防晒　3 招搞定
遮光布 90% 遮光率才有用

最近真的很热，台北还打破百年纪录升破 39℃。全世界都在暖化，身为地球上的小螺丝钉，既然无力改变大环境的恶化，那就只好明哲保身。

姥姥传授各位"居家防晒 3 大绝招"，只要出门前练一下，回到家迎接你的就是爱犬，而不是一团热气。

1. 拉上遮光率在 90% 以上的遮光布，先挡可见光的热。

2. 窗户留条缝，好通风，赶走红外线的热。

3. 所有电器插座开关灯都关起来，可减少电器散热，自己热自己。

回家后，再练 5 小招：

1. 窗户都打开通风（有雾霾的例外）。

2. 冲个冷水澡，一样，不必自己热自己。

3. 少开灯。

4. 睡前 1 小时把卧室电风扇打开。

5. 睡前所有电器插座开关都关起来。

通风能带走热，这个很好理解；关电器开关也应很好理解，这里姥姥要多讲一点的是：遮光布。

姥姥家每扇窗的先天条件都不同，挂竹帘的方法只能用在有阳台的客厅落地窗，其他窗都不能用，所以也实验了别的隔热方式。

选择遮光率在 90% 以上的布帘，也能隔热。（Alison Hersel 设计）

无法外挂竹帘的窗子，则可采用内挂的遮光帘。内挂窗帘遮蔽窗户的紧密度愈高愈好，面积要比本来的窗大一点，可减少阳光的热辐射散逸到室内。

布料的遮光率很重要，窗纱没有什么遮阳效果，最好是遮光率在90%以上的遮光布。姥姥在做隔热实验时，发现"两片600元的高遮光布"阻热效果就很好，只要阳光没照进家里，室温就可降低许多。

夹黑纱布好清理

遮光布依遮光的方式分两种：化学式或物理式。化学式是在布后面涂层化学物质来挡光，常见的又分涂银及背胶。物理式则是靠裁缝方式遮光，由3层布料缝制而成，内为黑纱，达到遮光效果。两者优缺点请看下方"遮光布比一比"表格。

姥姥建议不要买涂银布，因为用个1~2年涂层会一片片剥落，地上都是灰，很难清理。背胶式虽然使用期限较黑纱布短一些，也无法水洗，但遮光率可达95%以上，比黑纱布好。黑纱布的优点是可水洗，比较好清理，但市面上常见黑纱布的遮光率只有70%~80%，因为布料还是有微乎其微的织线孔隙，并无法完全遮光。

不过黑纱布可以再加一层布，也就是4层一般布加2层黑纱，遮光效果也可达95%。

用手机手电筒测遮光率

遮光率就是看布料遮光程度，看起

遮光布比一比

布类	化学式	物理式
方式	涂银或背胶	密缝加黑纱
水洗	不可，得用吸尘器清	可
遮光率	较好，可达90%	较差，多只有70%~80%
使用期限	较短，涂银1~2年会掉漆 背胶式可达3~5年	较长，10年皆无问题
价格	涂银较便宜，背胶与加黑纱的价格要看布的等级而定	

注：物理布可加多层布来达到遮光率90%，费用也会较高。〔姥姥制表〕

物理式遮光布，是在两层布料中夹一层黑纱布。可水洗，使用期限也较长。

来很简单，但在卖场买布时就没表面那么简单，原因是很多产品介绍都在打模糊仗：像"厚实布料，可部分遮光"，让人"以为"有遮光效果，但买回家后就发现，阳光还是一样刺眼。

若只是为了早上不被太阳晒醒，70%遮光率已够用。但我们是为了"隔热"，就得选90%以上的。不过遮光率的数据常引起纠纷，毕竟数据与个人感受是两回事，遮掉70%的光有人觉得很暗了，也有人觉得还是太亮；另外东家布遮光率70%的可能比西家80%的效果好。

所以选购时要把布料"对光照"，实际测一下就知道了。但不是对着卖场的灯光哦，因为卖场灯光有的是用散射灯源，光太弱，根本无法跟太阳比。但手机的"手电筒"就有太阳光的强度了，放在布后方，要不透光或略透一点点的光，才有遮光效果。

双层帘，隔热不隔光

用了遮光率为90%的遮光布，可

遮光率这样测

打开手机的手电筒，放在布帘后方。从正面看，若像图3的光亮，代表遮光率可达90%以上，若是出现图2的亮度，就没有很高的遮光率。

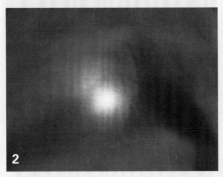

减少热辐射，不过室内真的会暗到不见天日。平日全家上班的上班，上学的上学，采光的确不重要，每个房间都可拉起遮光帘。尤其是卧室，晚上就会比较凉。

但若是假日全家待在家里，卧室暗些没关系，但客厅采光就不能被牺牲了。所以核心区可装双层窗帘，其中一层用遮光率较低的布料或纱。要注意，双层帘一般会把纱帘放里层，但为发挥最佳隔热功能，遮光布要挂在里层，也就是要靠近窗体，才能有效阻止阳光进屋。

Part10 / 3 卧室加强断热法
衣柜放西晒墙，做双层墙

即使我家通风OK，遇到超过35℃的高温，到晚上卧室还是热，这应该是外墙传进来的热能。前面提过了，隔热的两大方向，其中一个就是外墙。现在大楼几乎都是混凝土建造，钢筋水泥虽然耐震，但超吸热，到了晚上就向室内散热。

因此，我家是白天较凉，晚上反而较热，卧室仍偶尔要开空调，不然会热到睡不着。

减少外墙吸热是必要之务。首先在买房子时，就要选南北向的房子，朝南最佳，冬暖夏凉。我在买房时，特别注重方位，虽然没办法挑到正南向，但我们选了朝东南向、西方没开窗的屋子，先天条件上房子就比较不会吸热。

当然，买房子哪有都称心如意的，如果朝向不佳，可以在外墙上涂防晒漆或白色外墙漆，亦能减少吸热。

只是如果你和姥姥一样住在大楼里，改外墙势不可行，还是得从室内着手。**对付西晒墙有个简单方法：衣柜、书柜、餐柜皆可，把柜子放在西晒墙这一面（但请避开窗户）。**这样可以起到类似空气隔热层的作用，减少外墙传进来的热。

若不能做柜子，也可以把热传导系数较低的材质，如细木工板、木丝水泥板、PS板等钉在内墙，当外墙的热传进来后，木板材再加上空气就变成隔热层，可以发挥缓冲功能，减少热能进屋。

床垫选不吸热表材

不过，姥姥家是以上两种方法都不可行，于是我在四五年前就在卧室窗上贴了隔热膜，但是晚上卧室还是热到要开空调。我一直不解，直到有天听朋友说，她用了凉席后晚上就可以睡好了。

我忽然想到：会不会我家床垫材质有问题啊？没错，我后来把乳胶床垫翻面，从乳胶面变成缇花布面，当晚，开电风扇就可以睡死到天明。是的，床垫材质也会传热，乳胶材质真的很会吸热，棉布会好一些，所以选购床垫时也要注意。

Part10
4
加吊扇，吹走一室热
直接锁在水泥楼板上最稳

这方法再简单不过，是好几位建筑师的经验之谈。只要加个吊扇，热就会消散不少；就算开了空调，风扇带动空气流通，也可使冷气效果更好。

加吊扇时要注意，第一，若要兼顾照明功能，则要选灯泡装在扇片正下方的产品。且"在吊扇叶片直径 1 米的范围内"，也不能装有吊顶嵌灯。因为开灯后会造成影子，影子跟着风扇一直转啊转的，坐在底下的人容易头晕，在这空间看书的人会觉得很碍眼。

第二，建议直接把吊扇锁在水泥天花板上，不能直接锁在石膏板或铝扣板上，这些板材都没有支撑力。若是木作顶棚，龙骨四周要加强支撑，例如加一块铁件或 18mm 多搁板以及吊杆，此部分工法可参考姥姥的前作《这样装修不后悔》或上我的网站查询。

第三，选购时除了搭配空间大小之外，噪声值越小越好，因为吊扇会开很长的时间，若很吵，你的情绪就容易上火了。但姥姥看了一些淘宝的产品，都没有写 dB 分贝值，写了也不知能不能信，建议还是现场看、现场听声音。

通风，最好的降热良药

房间通风好，对室内降温大有帮助。我在做隔热窗实验时，必须关窗才能有效隔绝阳光热能。

有几次，有风的日子我把窗子打开，竟然房间的温度与关上窗子差不多，而且还比较凉快，这代表什么？风可以把热带走，而且效果比隔热产品好。

如果你家的通风真的不太理想，也可利用出风口的排风扇引风。只要打开排风扇，室内就会变成负压，即可引风入室。但要记得，出风口的其他窗户必须关好，排风扇才能发挥效用。选用排风扇时，也要看室内面积大小，选择换气量相匹配的机型，若排气量不够，仍无法有效引风。

这些隔热法，加减有效
隔热膜与隔热玻璃

贴隔热膜或采用隔热玻璃窗是我家窗户隔热的终极手段，因为卧室窗没办法外挂竹帘，每到夏天，房间会热到睡不着觉，一定得开空调。但我个人体质不良实在不爱空调，最后只好试贴传说中的隔热膜（又叫窗膜）。

贴完后，时间飞逝数年。说实在的，效果没有我想象中的好，但似乎又有点改善，那到底有没有帮助？于是我就想做隔热产品的实验，包括隔热膜与隔热玻璃。只看我一家不准，又找了位家里热得半死、每天被太阳晒醒的朋友 Y 一起来做实验。

装完后，时间又飞逝 12 个月，是该来报告一下结果了。我家装了隔热膜，也装了隔热玻璃，Y 家里则是装不同品牌的隔热膜。我们两家都是东晒墙。

Y 的结论是：有用、值得装（前提是气温不超过 35℃ 的夏季）。她家卧室装了窗帘，但布料不遮光，以前都会被晒醒，但现在不会了；客厅之前虽有用遮光帘，也通风，但白天仍会很热，现在则感觉较凉爽舒适。

我家的经验就比较不一样。我在测试隔热膜与隔热玻璃之前，都亲眼目睹这些高科技产品的现场实效：商家做了红外线照射，不用看机器指标，我在旁边都能感到一股大火般的热气；但当热源经过隔热膜或隔热玻璃后，另一边的世界的确清凉如水，我的手确实可感受到热量减少了许多。

但产品直接用到我家后，就是没有我想得那么美好， 可能是要关窗测试，我觉得室内还是会闷，有点热，并不是太舒适。

影响隔热的 3 大变量

我与几位建筑师讨论了这种情形，有些结论：

1. 跟整面墙相比，当窗户比例较小时，贴隔热产品的效果较小。

前面说过了，外墙也会传热，这是传导热，从窗户进来的是辐射热，这两种热都会导致家里热得要命。

好的隔热产品虽是隔掉了窗户的辐射热，但是若窗户本身不大，像我家起居室的窗户约为外墙面积的 1/4，外墙吸收进来的热仍会不留情地传导进屋，所以室内依然热气逼人。朋友Y家则是窗户占了整面墙的一半，甚至在客厅是整面落地窗，因此她测试的隔热效果就比我家的好。

为了证实外墙的传热影响，我在不同的时段去测量我家外墙内侧的温度。

我真的很走运，家中同一面墙有两种不同厚度的墙与窗，于是我测了早上8点、中午12点、下午5点这3个时段，卧室墙与窗内侧面的温度。我把结果列于下：

早上8点：铝框（微热）>有贴隔热膜的玻璃（微热）>墙（凉）≒梁（凉）

中午12点：铝框（热）>有贴隔热膜的玻璃（微热）>墙（微热）>梁（凉）

傍晚5点：墙（微热）>有贴隔热膜的玻璃（微微热）>铝框（凉）≒梁（凉）

这能看出什么？就是早上热得最快的铝框，傍晚已经变凉了，贴了隔热膜的玻璃只剩一点热，但15cm厚的水泥墙还是微热，也就是它还在散热、传导热能进屋（姥姥OS，深度达40cm的梁，表面怎么摸都是凉的。有钱的

话，还是买外墙超过15cm的房子吧！）

可见外墙的散热对屋内的热度有极大的影响，因此若被晒到的墙面窗户面积较小，玻璃贴隔热产品的效果就会打点折扣。

2. 室内的家具、寝具或地板，只要晒到可见光也会吸热，到晚上就散热。

隔热膜依然可见光被隔绝的程度又再分为高透光或一般低透光型。

低透光型虽可挡掉较多可见光的热能，但是会让室内比较暗，减弱白天采光，到了晚上外墙会产生镜面（内反光效应），让室内人看不到夜景。

所以目前"遮光不遮景"的高透光产品是市场主流。

这次实验选贴的都是透光率在70%左右的高透光产品。但高透光的代价是可见光也会进屋。太阳光的热能是红外线约占53%，可见光44%，紫外线3%，基本上隔热产品的总隔热率数据越高，隔热效果越好，但是高透光产品的可见光会造成室内还是有辐射热进入，室内物品只要照到光，就会吸热，像我家卧室的乳胶床就很会吸"可见光的热"，到晚上就散热，所以我每晚还是睡不好觉。

解决的方法就是搭配遮光布。"奇怪了，用高透光产品就是希望采光好啊，若用遮光布不如直接用低透光隔热膜就好了吗？"其实还是有点不同的。遮光布不会有镜面效果，晚上仍

可看到夜景,这点就比低透光隔热膜好。

不过我与朋友Y后来共同的结论是,隔热产品仍要搭配窗帘与通风,才有最佳的效果。前者挡掉辐射热,后者挡掉传导热,多管齐下就能达到最完美的隔热。

3.跟个人体质有关,每个人对热的感受不同。我觉得用了隔热产品没有凉多少,但我家老爷就觉得凉很多。但若只讲感受,的确太虚幻,我再用数字来看热效果。用了隔热产品的房间,外头热到37℃以上时,室内可少个2~3度;但室外35℃左右,室内就只少1~2度,可见愈热时,室内外才会有较明显的降温效果。但这里也提一件事,若你住的地方,夏天常

高透光性的隔热膜,贴上去后仍可看到窗外的景,晚上也不会有镜面效果。这是朋友Y家的客厅。

态性的是超过35℃,装隔热膜就没什么用,要装隔热玻璃,但也只是降个3度。

以上两种产品虽然还是对于隔热略有帮助,只是姥姥原本期待可以不必开空调,但没想到还是无法如我愿。

那到底值不值得花钱装呢?

姥姥算了一下,安装隔热玻璃的费用需50年才能回本!

从花钱的数字效益层面来看,我家似乎就不适合装太贵的隔热产品,但你问我推不推荐装?我还是推荐的。理由就是:我们还是少开了空调,或开了空调后效果变好,这些都可省点电。而省电,就是我们回馈地球的一种方式。

不过,前提是你已试过前一篇提过免费的或很便宜的隔热方法(真的,90%遮光帘配合通风就可改善很多),若房间还是热到你不开空调会发疯,那就花钱选个有用的隔热产品来装。

选装时,也有一些技巧可再省点钱。一是通常只要装一面窗即可,就是被晒得最厉害的那面。另外,隔热膜会依透光率有不同价格,高透光产品最贵,但窗户并不一定都要拿来看风景,在没有观景需求的天花板窗体或两侧窗体,即可贴价格较低的低透光产品。

Part10 / 6

3 种屋顶隔热法
从"头"开始做防晒

在热传导方式中，屋顶也是主要热源之一。

"屋顶隔热"的方法很多。

1. 莳花弄草种好菜。园艺专家说，可以先铺层塑料排水垫，就是卫生间常见的那种格状排水垫，上面再铺黑网，再依序加碎石、土壤等即可。排水垫与屋顶之间的空气层、碎石与土坯等，都有阻热的功能。

2. 铺隔热材。包括隔热砖、隔热漆、保丽龙隔热砖等。平屋顶隔热砖建议采用干式工法，不用水泥沙来粘贴，以利日后清理方便，若要加做防水层，也只要移开隔热砖即可施工。

3. 双层屋顶。上层屋顶可遮蔽直接的日晒，热能直接被屋顶吸收；再加上中间为开放式设计，利用风力散热。上层屋顶表面最好用白色，可反射太阳辐射热。不过，为避免变成违建，双层屋顶周围不能有侧墙，高度也有限制，请查一下当地政府的规定。

双层屋顶，再加上水池，隔热性更好。（红屋住宅设计）

要好好用油漆

效果惊人的居家微整形魔法

Painting

网友常问，家里厨房或铝门窗的功能都还堪用，拆掉重换太浪费，但陈旧外观就是无法跟新家搭配。或者，很多女生向往一个美美的白色乡村风格子窗，有没有省钱的改造法？

当然有，用油漆。

油漆上色，真的是最经济实惠的方式。不管客厅、餐厅、卧室，只要选面墙涂上色彩，空间的姿态就不同。油漆不只可以应用在主墙配色上，也可以改造旧厨房、旧门片、旧铝门窗、旧家具，甚至旧电器。

而且就算整形失败，变成大花脸，只要再花个 100 元买桶油漆，加一个阳光灿烂的好天，所有物品的面貌又可完全不一样。

Part 11 1 怦然心动的油漆改造提案
铝门窗、老厨房、旧家具

油漆改造可以运用的范围极广，除了瓷砖大家看法不一以外，其他木质底材物品，包括门框、室内木门、浴室门、木制大门、柜子木门片、柜子桶身、踢脚板、实木家具等都可以用油漆来美化，金属材质的铝门窗、金属大门、灯具也没问题，甚至塑料外壳的电风扇、收纳盒、陶制花盆等都适用。

姥姥向多位油漆师傅与设计师请教改造的方法，没想到"方法都差不多"，我先条列于下：

1.底材要先清洁、打磨，四周贴好遮蔽胶带。先擦干净，可避免脏东西造成的表面不平整，再用砂纸将表面打磨，这样可增加附着力。这个步骤很重要，不管是自己 DIY 或请师傅喷漆，底材干净，最后出来的才漂亮，也不易掉漆。

2.要先上底漆。底漆有很多种，主要是看涂在哪种底材上，金属、木材与水泥墙用的都不一样，看清楚产品说明即可。底漆分油性与水性的，师傅们都推荐用油性漆，才不易掉漆。

但油性漆含甲苯等挥发性有机化合物，虽然会挥发掉，若是很在乎健康的人，还是选水性为佳。只是水性底漆的掉漆概率高了点，尤其是常开关的铝门窗。

3.再上面漆，用乳胶漆即可。因为底漆已增加面漆的附着力，这时上什么面漆都行，水泥漆、乳胶漆、竹炭漆都可以。但从价格和耐刷洗的特性来看，我觉得乳胶漆就很好了。色彩选择更是各种各样，任君选择。

姥姥也谈点个人改造铝门窗与木柜的经验。我家铝门窗是略清洁打磨后，直接涂上油性的金属漆，换掉那

橘色系是让人心情开朗的色调，漆上它，空间看起来会更明亮。

冷血无情的金属铝色；木柜子门片则是直接涂乳胶漆。

当年天真的我都没有上底漆。5 年后，这两者的命运还真的大不同。铝门窗经过无数台风以及大地震，都没掉漆，实在好险。但柜子门片就"落粉"落得乱七八糟。

油漆师傅跟我说，"其实涂料不去刮它就不太会掉。"我家铝门窗因为没有常常开关，所以没掉漆，此点也供不想用油性底漆的朋友参考。

铝门窗：油性金属漆较耐久

铝门窗只要还堪用、没漏水，就可以用油漆改色就好。例如白色乡村风门窗，好像有那两面窗，就能让你以为自己住在巴黎的公寓里！

这是许多女人的梦想，但光订那扇窗就要上万，我了解你实在下不了手，这时油漆又是好帮手啦！只是要用油性的金属漆，另外门窗都要先打磨，这样漆的附着力才好。

有多省钱？以姥姥家为例，1 大扇落地窗加上 6 扇腰窗全换新原本约 3 万元，我自己 DIY 涂漆，材料只花不到 200 元，再加两个天气好的周六日下午时间，把冷冰冰的铝门窗改造成深棕色，现省 2 万多哦！

什么？你问姥姥漆出来的效果好不好？质感不可能和订做的乡村风窗

框一模一样，但视觉上却已达到焕然一新的感觉了！

厨房：乳胶漆可刷洗

厨房可分橱柜改造与壁面上漆。柜子门片与桶身请师傅喷漆处理，要几千元，但自己涂漆，买油漆的钱与其他的工具，也是不到 200 元。

若担心油性底漆对健康有害，油漆师傅建议也可采用水性的防水底漆，用在厨房也可防潮。

厨房与浴室的壁面多数人会选瓷砖，但除流理台正前方的长方形壁面以外，其他墙壁染到油污的情形并不严重。同样的，浴室的干区水气也不多，这时两者都可以改用油漆。

用油漆是会比贴瓷砖省得多，但比较有争议的是瓷砖可否上漆？姥姥遇过两名受访者"直接"把油性漆漆在厨房的瓷砖上（浴室的不行哦，有水气日后易膨起），他们的反馈都是还不错，没有掉漆的大问题。但师傅的看法多数是："那是还没有刮到，若刮到一定落漆。"所以部分师傅仍不建议直接在瓷砖上漆。

旧家具：白色清雅北欧风

旧的实木家具千万别急着丢，椅子、桌子经达人巧手改造后，常常会来个天蚕变，老太太回春变成奥黛丽·赫本。

虽然有些改造技法的确超出了我们普通人的能力范围，但有些方法却真的简单到你不敢置信。

例如，只要用白漆，不沾水，让刷子沾上浓稠的白漆，直接涂上旧家具（记得要先用砂纸打磨），等干燥，你的家具钱就可再省下一笔。旧门片也可做同样的处理。原本暮气沉沉的土味，当场点亮成北欧乡村风的清爽好物。

橱柜门片也可上漆改色，原木纹门片即可改成白色门片，但一定要先擦底漆，不然会掉漆。

旧大门不一定要拆，改漆成蓝色，质感就不同，又可省下上千元的新大门费用。（集集设计）

重点笔记：

1. 想换个乡村风白色落地窗，用油漆改色，是最省钱的方法。但前提是铝门窗不会漏水，还堪用。

2. 厨房、椅子桌子、门片等看不顺眼时，都可用油漆改色。但记得要擦底漆，才不易掉漆。

油漆这样刷最美
5 种技巧，让素人变才子

若不找师傅刷油漆，自己 DIY，就不要太在乎刷痕与平整度。我们毕竟没有要在油漆界比赛争当漆神，更不是与生俱来的闪灵刷手，所以最好采用"自然斑驳"刷法，白话讲就是随意漆，涂得高低不平也无所谓，让表面有点斑驳感，反而会有种自然的朴拙趣味。

油漆颜师傅建议可以多花一点点钱改用"羊毛刷"，会比一般边漆边掉毛的 1 元刷子好很多，刷痕也较不明显。

以下是姥姥从各大门派收集得来的有层次感的漆法宝典，大家要好好钻研：

技巧 1 | 单一主墙跳色法

在四面墙中，只挑选一面当作视觉焦点，其他留白，这种方式最不容易失败，也容易凸显你想强调的主题，适合床头墙、沙发墙、电视墙。

较浓重的深色或较饱和色系效果较好，常见的暖色调有黄色、桃红色等，冷色调灰、蓝、绿等都可。

只涂一面墙，就能带出空间的个性。（集集设计）

技巧 2 | 全空间单一色调

当全室都漆上同一色调时，会凸显色彩的调性。例如电影《刺猬的优雅》中，蓝灰色调予人宁静感，为了与宁静同调，电影中的家具也选用相近色调，如客厅的灰、黑色系家具，卧室则用了深木色床架与边柜。

不过也可以在单一颜色的空间里，加入小比例的反差色家具或家饰品（如抱枕或挂画），带出空间的活泼感与层次感。但要注意，反差色系（如深色 VS. 白色）的比例不宜多，最好不超过两成，不然，整个空间的氛围就容易"跑调"。

可以从家具的色调延伸出空间的主色。如寝具与墙面同色系，整个空间就会更具整体感。（集集设计）

姥姥的装修进修所

选色注意事项

若用电脑调色时，一定要拿着自己喜欢的照片去现场对色，因为印刷品与实品会有色差。但要注意，彩度较高或色调较深的颜色，因为墙壁面积大，深色调的视觉能量会较高，有的会有压迫感，最好调的色调比色卡再浅一级。

调完色后，要记得试擦，你要知道，10cm² 的色块与 3m² 的一面墙涂出的色调能量会有很大的不同，10cm² 的红色看起来像朵红玫瑰，但 3m² 的红色可能就像暴龙的大嘴了。所以至少要试涂 1m² 以上 "大面积"，好确认色调的感受是能接受的。

油漆时可采取双色搭配，如底层先刷白漆，再刷上高彩度色彩，壁面质感就不一样。（集集设计）

技巧3丨双色混擦法

将两种色调一起刷。例如一支刷子沾绿色另一支沾黄色，然后同步刷在墙上。看起来也比只刷单一色调来得有层次变化。

不过，姥姥自己试刷的经验，两把刷子要一起刷，对女生来说会有点吃力。有位颜师傅教姥姥，也可以先刷淡色调，趁油漆未干时，把另一较深的颜色再"随意"刷，这随意很重要，可以让颜色显得很自然。

颜师傅也提醒，两种色彩色差要大，才好看。例如白色与亮橘色、黄色与绿色、灰色与紫红色等，就能营造出较活泼的壁面。

技巧4丨以砂纸磨新漆，创造斑驳感

这是集集设计总监阮春华家的做法。刮大白时不走传统平整的路线，而是高高低低不规则式的刮法，再上漆。

涂好油漆后等干，再用100~180目的砂纸去磨，油漆师傅提醒，想制造出像南法乡村风式的斑驳感，以砂纸磨壁时，切忌太工整、太呆板，随意乱抹效果反而自然美丽又有气质！

一般新漆好的墙面通常不出几个月就会遭遇各种灾难，可能是搬家时家具碰到，或不肖子指挥遥控汽车、抓着钢弹、巴斯光年去撞墙，身为爸妈的我们就算想当爱的教育实践者，但看到那每平方米值数百元、以两底

刮腻子时不必太平整，留下镘刀纹，再用砂纸磨过刷好的墙，就能创造南法式的斑驳感。

三面抹出来的美丽新墙被搞得"灰头土脸"时，一把火莫名上来，亲子关系难免会紧张。

此技巧的最大好处就是，不管小孩用什么东西去撞墙，这墙仍会看起来很有味道，因为它本身就是旧旧的，所以不管承受多少伤痕，看起来还是新新的。很神奇吧，能减少亲子摩擦算是此法的功劳一件，因而姥姥大力推荐。

重点笔记：

1. 找面主墙，如电视墙、沙发墙或卧室床头墙面，涂上自己喜欢的色彩，即可让空间更有个性。

2. 油漆涂刷可采用双色涂法或加砂纸磨，创造层次变化。

后记

这本书大家也看超过 250 页了，不容易啊，多谢大家撑到这里。

不过纸上谈兵比较容易，真实世界中，要省钱又不失品味可不是易事，还好，这几年来陆续有读者把自家装修点滴分享给我，我跟大家讲，要在预算内打造一个接近自己原型的家，好像也没那么遥远，欢迎大家到姥姥的网站"小院"来看看这些大隐于世的设计高人。

祝福大家在装修中一切顺利！

姥姥

小院官网：courcasa.com

此为台北型牛的家，房主自己规划设计，完成人生梦想。图片提供：小院

出版后记

在当前这个房价飞涨的时代，对工薪阶层来说凑足首付已十分不易，很难再给装修留下足够的预算了。有的人宁愿背上沉重的经济负担，也要咬紧牙关装出一个美美的家；有的人则选择暂时放弃对家装的追求，想着先凑合着住下来，等以后有了闲钱再好好补救。面对这样两难的选择，你会何去何从？是不是也不禁追问："有没有可能只利用手头有限的预算，装出一个有品质的家呢？"这本为小资族量身打造的省钱装修指南，或许能为你解决这个难题。

本书旨在帮读者从传统装修思维的束缚中挣脱出来。作者姥姥认为，要想在装修中做到把每一分钱花在刀刃上，最重要的是厘清自己在装修中的基本需求。而在做预算的时候，弄清楚"不做什么"甚至比了解"要做什么"更为重要。传统的 × 室 × 厅格局真的适合你吗？传统观念中的装修标配——吊顶、地板、灯箱、电视墙等——真的不做不行吗？各种吊顶灯、嵌灯、筒灯、壁灯，你的家真的需要那么多灯吗？……做决策之前多问自己几个问题，或许就能省下一大笔不必要的花费。

但本书也不是一味教大家砍掉项目和工程，作者也着重向读者强调了装修中哪些项目一定要一次做好，比如水电、格局等不容易看见的工程，反而是最不能被忽略的。等所有工程就位，家具也搬进来了，再想推倒重来就更是难上加难了。

不让自己掉进黑心商家的陷阱也是省钱装修的重要因素。在本书中，姥姥手把手传授给读者破解装修报价单的秘技，针对水电、瓦工、厨房、卫浴等六大工程，教大家排查可能存在的 22 个雷区，让不良商家的灌水手段无所遁形。书中还有对装修工法门道的拆解和常用建材的性价比分析，旨在帮助读者形成对装修的基本认知，不再因为不懂行被忽悠，被牵着鼻子走。

本书是台湾家装类畅销书《这样装修省大钱》的简体修订版，但并不只是简单的"繁转简"。在本书的编校过程中，作者姥姥依旧秉承着对读者认真负责的态度，对书稿进行了大量的"本土化"改写。她甚至亲自来到大陆建材市场做调研，向商家了解最新行情，力求为大陆读者提供最接地气的装修指导。感谢姥姥在编校过程中付出的辛劳，也感谢为本书提供素材案例的热心设计师、商家和网友。

装修是对未来生活的准备，也是对家的期许。希望读者能通过本书找到最适合自己的装修方案，花小钱，也能装修出有品质、有格调的理想之家，跟家人长长久久地幸福生活在一起。

服务热线：133-6631-2326　188-1142-1266

服务信箱：reader@hinabook.com

后浪出版公司

2017 年 4 月

图书在版编目（CIP）数据

这样装修不后悔. 2, 这样装修省大钱 / 姥姥著 . –– 北京：北京联合出版公司，2017.5（2024.5 重印）

ISBN 978-7-5596-0088-2

Ⅰ . ①这… Ⅱ . ①姥… Ⅲ . ①住宅－室内装修－基本知识 Ⅳ . ① TU767

中国版本图书馆 CIP 数据核字 (2017) 第 076032 号

这样装修不后悔 . 2, 这样装修省大钱

著　　者：姥　姥

出 品 人：赵红仕

选题策划：**后浪出版公司**

出版统筹：吴兴元

特约编辑：王　顿

责任编辑：李　红　　夏应鹏

封面设计：李海超

营销推广：ONEBOOK

装帧制造：墨白空间

北京联合出版公司出版

（北京市西城区德外大街 83 号楼 9 层　100088）

北京盛通印刷股份有限公司　新华书店经销

字数 258 千字　720 毫米 ×1030 毫米　1/16　17.5 印张

2017 年 5 月第 1 版　2024 年 5 月第 9 次印刷

ISBN 978-7-5596-0088-2

定价：88.00 元

这样装修不后悔

著　　者：姥姥
书　　号：978-7-5502-2270-0
页　　数：260
出版时间：2014.5
定　　价：60.00 元

最接地气、超实用的家庭装修秘笈，有图有真相！
（600 余张施工现场照 + 真实后悔案例）

百笔血泪经验告诉你的装修早知道

推荐一：2013 年度台湾设计类图书销量排行榜第 1 名，中国第一装修门户"土巴兔"推荐

开工必备的装修早知道，没看这本，千万不要随便找工队。

不被包工头忽悠，一定要知道的正确工法！

推荐二：最清晰易读、最接地气的装修施工指南，全新修订版

汇集大量大陆版家居装修案例，全面更换实拍照片与详细工法介绍，编排细致，包括"我很后悔"失败案例、现场直击、正确工法、血泪领悟、你必须知道、补救手帖、同场加映等环节，一步步讲解施工过程，保证让家装新手们不需要通晓复杂的工程计算和施工细则，就能轻松搞懂家庭装修，准确抓住要点，一眼看出问题，避免日后麻烦不断。

推荐三：600 余张实拍施工现场照，从真实失败案例讲起，一本书搞定家庭装修全过程

本书选用 600 余张实拍施工现场照，从"我很后悔"真实失败案例讲起，教读者开工不被坑、施工做对事、监工有技巧，让家装省钱又省心、毫无后顾之忧。

内容系统全面，包括装修各个环节：从装修前的准备工作，到拆除、水电、泥瓦、木工、厨卫、油漆等施工环节，以及如何列估价单、抓预算、签合同。帮读者一本书搞定家庭装修全过程。

内容简介

不想装修完后还要没完没了地返工？不希望与让人抓狂的施工错误朝夕相处几十年？无数的家装后悔经历告诉我们：真正好住的家绝不只是表面的漂亮而已，一个装修得舒适方便、让人后顾无忧的家，将大大提升未来的居家生活的幸福感。

本书选用 600 多张实拍照片直击施工现场，曝光大量"我很后悔"常见装修失败案例，详细解说你必须要懂的家装原理与正确工法，全面通晓家庭装修的各个步骤：从装修前的准备工作，到拆除、水电、泥瓦、木工、厨卫、油漆等施工环节，以及如何看估价单、抓预算、签合同。用最接地气的现场报道，教你开工不被坑，施工做对事，监工有妙招。省钱又省心，一次搞定家装工程，亲手打造出好看又好住的家。